THEORIE DES VENTS,

PIECE couronnée, en 1785, par l'Académie Royale des Sciences, Arts & Belles-Lettres de Dijon ;

PAR M. le Chevalier DE LA COUDRAYE, ancien Lieutenant des Vaiſſeaux du Roi; Chevalier de l'Ordre Royal & Militaire de Saint-Louis ; de l'Académie Royale des Sciences, Arts & Belles-Lettres de Dijon, de celle de Bordeaux, & de la Société Provinciale des Arts & des Sciences d'Utrecht.

———————————————

PRIX : 40 ſ. broché.

———————————————

A FONTENAY,

Chez AMBROISE COCHON DE CHAMBONNEAU, Imprimeur du Roi, rue des Loges.

M. DCC. LXXXVI.

A MONSIEUR
LE VASSOR,
COMTE DE LA TOUCHE,

Capitaine des Vaisseaux du Roi, Chevalier de l'Ordre Royal & Militaire de Saint-Louis, & de celui de Cincinnatus, Directeur-Adjoint des-Ports & Arsenaux de Marine.

MONSIEUR,

PERMETTEZ que l'amitié & la reconnoissance vous consacrent cet Ouvrage. Une Théorie des Vents ne peut être indifférente à un Marin qui s'est servi lui-même si utilement des Vents pour la gloire des

Armes de l'État, & pour la sienne. La France a
récompensé vos Talents par sa Confiance ; l'Amérique
par une Décoration ; moi, je saisis le seul moyen
que j'aie de manifester la considération profonde
qu'ils m'ont inspirés, & les sentiments respectueux
avec lesquels je suis,

MONSIEUR,

Votre très-humble & très-
obéissant Serviteur,
Le Chr. DE LA COUDRAYE.

THÉORIE
DES VENTS.

Per Diem Sol non uret te.... Pf. 120.

L A Théorie des Vents eft un probléme dont la folution offre fans doute de grandes difficultés ; mais ces difficultés doivent-elles me rebuter ? J'ai vu, & j'oferai préfenter à une Compagnie favante les Obfervations & les Idées d'un ancien Marin. Si je me fuis trompé, fi mon travail eft fans fruit, d'autres auront plus mal encore employé leur loifir : mais combien je m'eftimerois heureux fi ce travail pouvoit fervir à développer cette intéreffante Queftion, & donner occafion à l'Académie d'ajouter la Solution de ce beau Probléme à une foule d'autres dont l'utilité l'a rendue dans tous les temps fi recommandable.

La terre a fon athmofphere, & c'eft l'air que nous refpirons. Cet air eft un fluide fufceptible de compreſſion, de dilatation ; ayant du poïds, de l'élaſticité, comme le prouvent le fuſil à vent, le baromettre & mille expériences diverſes. Dans ſon état naturel, l'air eſt pur & ſans mélange ; mais il s'éleve continuellement du ſein de la terre, ſur-tout lorſqu'elle eſt échauffée, des exhalaiſons des trois regnes, qui ſe mêlent avec lui en plus ou moins grande quantité, & que nous confondons avec l'air, ainſi que le déſigne le nom d'athmoſphere formé de deux mots grecs, dont le premier ατμος ſignifie vapeur. L'air, dans ſon état de pureté & de ſimplicité, avoit toujours été conſideré comme un premier principe de corps, comme un élément ; depuis quelques années on lui diſpute cet avantage, & on le prétend un aggrégé, un compoſé de feu & d'eau ; mais, de toutes les connoiſſances des Philoſophes ſur l'air, les ſeules qu'il nous importe ici de rappeller, c'eſt que le froid le condenſe & que le chaud le dilate ; que les couches d'air ſont plus denſes & plus épaiſſes à la ſurface de la terre, tant en raiſon des émanations de la terre, que du poids ou de la preſſion des couches ſupérieures, & que conſéquemment l'air en général eſt d'autant plus rare qu'il a plus d'élévation ; enfin, que la hauteur totale de l'athmoſphere, fixée d'après la méthode de l'obſervation des crépuſcules, eſt d'environ trente-ſix mille trois cents soixante-deux toises , ou de douze à treize lieues , en comptant deux mille huit cents cinquante-une toises & demie pour la lieue , ce qui forme en effet la lieue marine de vingt au degré , la seule dont on se servira ici pour les mesures.

L'air , ainsi que tout corps gravitant , est naturellement dans un état tranquille ; mais dans l'ordre des choses ce calme seroit sans doute funeste à sa pureté & à notre existence. L'air a donc reçu une extrême facilité à être mû , & c'est son agitation , son mouvement , devenus sensibles pour nous , que l'on appelle *Vent*. Il n'est pas besoin de beaucoup de raisonnements pour démontrer l'utilité & les avantages du Vent. C'est par ce moyen que la nature dissipe l'air chargé des exhalaisons putrides des corps vivants , & qu'elle nous en fournit sans cesse un plus pur & plus frais. Les Vents transportent les nuages , & occasionnent , par leur réunion , la pluie qui nous est quelquefois si nécessaire. Ils temperent une chaleur trop forte , & peut-être la zone torride seroit-elle inhabitable sans eux. Ceux qui sont humides favorisent la végétation des plantes , ceux qui sont secs absorbent l'humidité superflue des terres & des objets qu'on leur expose. La navigation doit aux Vents son étendue ; nos moulins & une foule d'autres objets atteſtent encore leur utilité.

Le Créateur du monde a donc donné les **Vents** dans ſa ſageſſe ; mais de quel moyen s'eſt-il ſervi pour imprimer ainſi à l'athmoſphere une tendance continuelle au mouvement ? C'eſt ce qu'il s'agit ici d'examiner. Cependant il faut nous occuper auparavant de quelques connoiſſances relatives à la Théorie des Vents, dont pluſieurs ſont dues à l'expérience, & qui doivent nous ſervir comme d'Introduction pour remonter de la conſidération des effets à l'examen de la cauſe.

1. Le Vent ordinairement raſe la ſurface de la terre & ſemble conſéquemment avoir une di-rection horiſontale, ainſi que le font voir les flammes & les girouettes des vaiſſeaux. Quelque-fois cependant il s'incline d'une maniere aſſez marquée des nuages vers l'horiſon, & c'eſt parti-culiérement dans les grains que cet effet eſt ſen-ſible. Il eſt apparent que c'eſt de là qu'eſt provenu la perte de pluſieurs vaiſſeaux qui ont chaviré ſous voiles : en effet, un vaiſſeau en s'inclinant, lorſque la direction du Vent eſt horiſontale, trouveroit dans ſon inclinaiſon même une cauſe préſervatrice, en préſentant alors ſes voiles au Vent d'une maniere plus oblique, ce qui n'a pas lieu lorſque la direction du Vent eſt inclinée du

haut

haut vers le bas, puifqu'alors l'effet de l'inclinai-
fon du vaiffeau eft de préfenter la voile d'une
maniere plus perpendiculaire à la direction des
particules d'air, & d'augmenter conféquemment
leur puiffance. D'autres fois le Vent paroît s'é-
lever ; mais ce fait très-rare femble réfervé pour
quelques circonftances où l'atmofphere eft dans
un état violent & hors du cours ordinaire, comme
dans les ouragans de la zone-torride. La Marine
cite encore l'exemple de l'Elifabeth, vaiffeau de
ligne, qui perdit dans une tempête fon mât de
mifaine, mais de forte qu'il fut enlevé de fes
étambrais & de fa carlingue (a), & qu'il n'en
refta pas, dit-on, veftige dans le vaiffeau.

2. La vîteffe du Vent n'eft pas moins intéreffante à connoître. MM. Mariotte & Bouguer
en France, MM. Clarc & Derham en Angleterre,
Dom Georges Juan en Efpagne, Jacques Bernoulli
à Bâle, fe font occupés de cet objet. Les moyens
qu'ils ont employés pour leurs expériences, ont

(a) La carlingue eft un affemblage de charpente pofé au fond
du vaiffeau, & deftiné à recevoir & à contenir le pied du mât.
L'étambrai eft un trou circulaire pratiqué dans chacun des
ponts d'un vaiffeau, pour donner paffage au mât. Chaque
étambrai a un diamétre plus grand que celui du mât, pour
que le paffage foit facile ; mais on remplit l'intervalle par des coins
qui refferrent le mât, & l'affujetiffent folidement avec les ponts.

A

été d'abandonner au Vent des corps extrêmement légers dont ils mesuroient la vîtesse. Ils ont paru convenir que les Vents d'une force moyenne parcouroient douze à quinze pieds par seconde ; que ceux qui font vingt à vingt-quatre pieds dans le même espace de temps, ne permettent plus aux vaisseaux de porter leurs huniers hauts ; que les Vents qui parcourent au-delà de trente pieds, font déja capables de déraciner des arbres, & qu'il faut une tempête violente pour que le Vent fasse cinquante-huit pieds par seconde. M. Derham a cependant estimé la vîtesse du Vent dans un coup de Vent extraordinaire qui eut lieu en 1703, de soixante-quinze à quatre-vingt huit pieds par seconde. Nous allons joindre ici une table du nombre de pieds que le Vent parcourt par seconde, à raison des lieues qu'il fait par heure.

1 lieue par heure répond à 4 pieds $\frac{3}{4}$ par sec.

2	. .	9 p. $\frac{1}{2}$ par s.	12	. .	57 p. » par s.
3	. .	14 $\frac{1}{4}$	13	. .	61 $\frac{3}{4}$
4	. .	19 »	14	. .	66 $\frac{1}{2}$
5	. .	23 $\frac{3}{4}$	15	. .	71 $\frac{1}{4}$
6	. .	28 $\frac{1}{2}$	16	. .	76 »
7	. .	33 $\frac{1}{4}$	17	. .	80 $\frac{3}{4}$
8	. .	38 »	18	. .	85 $\frac{1}{2}$
9	. .	42 $\frac{3}{4}$	19	. .	90 $\frac{1}{4}$
10	. .	47 $\frac{1}{2}$	20	. .	95 »
11	. .	52 $\frac{1}{4}$	21	. .	99 $\frac{3}{4}$

On fent qu'il étoit poffible d'accufer d'inexac-titude le moyen employé pour mefurer la vîteffe du Vent. Ce qui fur-tout embaraffoit, c'étoit la confidération du chemin des vaiffeaux, auxquels on n'accordoit qu'une vîteffe très-bornée, en la comparant à celle du Vent, & auxquels cependant on voyoit faire deux lieues par heure par un Vent que l'on croyoit n'en pas faire plus de trois. M. Jacques Bernoulli fut le premier à penfer que la vîteffe du Vent n'étoit point incom-menfurable à l'égard de celle d'un vaiffeau. M. Bouguer affigna à ces vîteffes le fimple rapport de fept à deux. Dom Georges Juan, Chef d'Efcadre des Armées Navales de Sa Majefté Catholique, d'après des expériences faites par lui-même à Cadix, trouva ce rapport bien plus rapproché encore, puifqu'en mefurant en même-temps la vîteffe du Vent & celle d'un canot, il trouva le rapport feulement de 24 à 21 ; & il affure que les barques vont journellement de Cadix au Puerto, diftants l'un de l'autre de cinq mille, en trois & cinq quarts d'heure de temps, lorfque le Vent parcourt de dix à quinze pieds par feconde ; de forte que ces barques ont à peu-près les deux tiers de la vîteffe du Vent. C'eft encore là où en font nos connoiffances fur ce fujet : il eft très-poffible, par le moyen des aëroftats, de faire de nouvelles expériences. Il sembleroit, d'après le chemin parcouru par la plûpart de ceux qui ont été lancés, & que l'on a fait connoître au Public, que le Vent a une vîteffe fupérieure à celle qu'on lui donne. J'ai vu à Bordeaux une de ces machines qui ne s'éleva que très-peu, & jamais au-deffus de trois cents toifes, parcourir environ trois quarts de lieue en vingt-cinq minutes par un temps qui paroiffoit parfaitement calme. On a parlé d'un aëroftat lancé à Newftat en Angleterre, le premier Avril 1784, qui a fait 133 milles en deux heures. La grande montgolfiere, lancée à Verfailles le 23 Juin 1784, a fait douze lieues en quarante-cinq minutes, ce qui répond à feize lieues par heure ; mais comme il eft apparent que ce ne font que de petites lieues d'environ 2, 200 toifes, cela feroit feulement douze lieues un tiers par heure, ce qui répond encore à 58 pieds par feconde, par un temps cependant que l'on n'a point dit être une tempête.

3. Puifque l'air eft condenfé par le froid & dilaté par le chaud, il eft évident qu'à vîteffe égale, il y a une différence fenfible entre la puiffance d'un même volume de Vent qui frappe une furface déterminée par un temps froid ou par un temps chaud. En effet, dans le premier cas le volume contenant une plus grande quantité de

particules d'air a une force relative plus grande. Voilà pourquoi les coups de Vent d'hyver font plus à charge que ceux d'été ; & pourquoi les grains du nord & du nord-oueft font en général plus pefants que ceux du fud-oueft.

4. Il eft difficile de ne pas reconnoître l'action de la lune & du foleil comme la caufe des marées, & il eft affez naturel de penfer que ces aftres doivent influer encore par leur attraction fur un fluide auffi mobile que l'air. Cependant on doit croire auffi que le mouvement que ces aftres occafionnent dans l'athmofphere, eft un mouvement doux, égal, progreffif, fenfible pour toute la maffe à la fois, comme celui des marées, & très-différent conféquemment de ces agitations brufques, violentes & partielles de l'air, que nous nommons *Vent*. Ce pourroit donc bien être très-mal à propos que l'on attribue à la lune & à fes phafes la principale influence fur les Vents & les changemens qui leur arrivent : nous en parlerons ailleurs.

5. Le Vent que nous éprouvons à la furface de la terre, n'a point une grande élévation. Cela paroît confirmé par les nuages que l'on voit affez fouvent avoir des directions différentes ; par le rapport de plufieurs Voyageurs parvenus au fommet de hautes montagnes, qui jouiffoient d'un

calme parfait , & voyoient au-deſſous de leurs
pieds les nues & les orages; calme que j'ai éprouvé
moi-même du ſommet du Mont-Liban dans la
Syrie , étant alors plus élevé que les nuages, en
même-temps que je voyois des bâtiments pouſ-
ſés par le Vent ſur la mer ; enfin , par les mêmes
aëroſtats dont on a déja parlé , qui ont trouvé
des courants d'air différents à différentes hauteurs ,
& qui , parvenus à une plus grande élévation ,
ont procuré à ceux qui les montoient, des ſen-
ſations tranquilles & pures , apparemment dues
à ce qu'ils ne participoient plus ou participoient
ſenſiblement moins aux émanations groſſieres &
vaporeuſes de la terre. Ceci doit nous diſpoſer
à penſer que le Vent pourroit bien avoir ſa cauſe
dans le globe même que nous habitons , dans une
athmoſphere échauffée par les rayons du ſoleil
reverberés par la terre , & continuellement char-
gée de parties minérales , ſulphureuſes, acides ,
gazeuſes, tendantes à la fermentation , & qui
fermentent en effet par leur mélange. Ainſi ,
l'athmoſphere conſiderée dans ſa totalité , a deux
ſortes d'agitation : l'une eſt due à l'attraction des
aſtres , & elle eſt commune à toute la maſſe,
mais elle eſt inſenſible pour nous , & nous ne
pouvons que la preſſentir , parce que nous ne
voyons point le terme de l'athmoſphere ; comme

nous ignorerions vraifemblablement les marées, fi nous n'avions point été à portée de voir la furface des eaux, & de la comparer au niveau des terres. L'autre forte d'agitation exifte dans les couches inférieures de l'athmofphere, comprifes depuis la furface de la terre jufqu'aux nues les plus élevées, & c'eft elle feule que nous reffentons fous le nom de Vent. Elle paroît avoir pour principe la chaleur du foleil réverberée par la terre, & être fufceptible d'augmentation & de modification, par les émanations gazeufes de notre globe.

6. Le Vent eft facilement détourné dans fon cours par les terres, ou refferré entre des montagnes ; & c'eft ce qu'éprouvent très-fouvent les Navigateurs. Jamais un vaiffeau n'a fait voile le long d'une côte, même par un beau temps, fans avoir du calme fous les montagnes, & des rifées par le travers des collines. Lorfque les montagnes font confidérables, les rifées font plus fortes & telles quelquefois qu'il faut veiller la mâture avec beaucoup d'attention, parce que le Vent prend néceffairement en vîteffe ce qu'il perd en efpace : le vaiffeau parvenu à l'entrée d'une baie fpacieufe éprouve alors un Vent plus egal & plus uni. Ces rifées ont encore cela de particulier, qu'elles n'ont point la direction exacte du Vent,

mais qu'elles dépendent très-senfiblement de la fituation de la colline; de forte qu'alors les Marins veillent non-feulement la force de chaque rifée, mais encore fa direction, pour en profiter fi elle eft favorable à leur route, ou pour empêcher qu'elle ne coiffe (*b*) leurs voiles. Il en eft de même dans les détroits refferrés, qu'on peut confiderer comme de grandes collines: le Vent y prend volontiers la direction des terres, & lorfqu'ils ont une longueur confidérable relativement à leur largeur, qu'ils font bordés de terres élevées, & que leur fituation eft droite, cet effet y eft conftant. C'eft ce qui arrive au Détroit de Gibraltar. Toute l'année les Vents y font eft ou oueft ; & les vaiffeaux qui veulent entrer dans la Méditérannée ou en fortir, ont toujours ou Vent de bout ou Vent arriere. Une nouvelle preuve de la facilité avec laquelle le Vent peut être detourné dans fon cours, eft l'exemple des combats de mer. Une fuite d'obfervations a prouvé que lorfque le Vent

---

(*b*) Lorfqu'un vaiffeau fait route ayant le Vent par fon travers, les voiles font orientées de maniere que le Vent les gonfle en les pouffant vers l'avant du vaiffeau; mais fi le Vent change alors fubitement de direction en s'approchant de l'avant, la voile eft gonflée dans un fens oppofé, elle s'appuie fur les mâts, elle tend à faire culer le vaiffeau, & c'eft ce que l'on nomme une voile coiffée.

n'a pas une force trop déterminée , l'air éprouve, par l'explosion de la poudre à canon dans les combats des armées navales & même des escadres considérables , une agitation qui interrompt au bout de quelque temps le cours du Vent , & occasionne ordinairement du calme. Ainsi, les inégalités perpendiculaires dont notre globe est sillonné par les terres & les mers , par des cavités & des montagnes , sont susceptibles d'apporter des changemens à une direction primitive du Vent , ainsi qu'à sa force , d'autant plus que ces inégalités ont un rapport très-rapproché avec l'élévation du Vent , puisque quelques montagnes s'élevent même au-dessus des plus hauts nuages que nous croyons être le terme sensible de la région des Vents.

7. C'est un fait hors de doute que l'air reçoit plus de chaleur de la réverbération de la terre, qu'il n'en reçoit de l'émanation directe des rayons du soleil ; soit que ce surcroît de chaleur soit le simple produit des particules ignées réfléchies , soit qu'il soit dû en partie à un principe de fermentation causé par les matieres qui s'élevent de notre globe. C'est-là pourquoi les lieux élevés sont respectivement moins chauds , & pourquoi la chaleur est toujours beaucoup moindre sur les terres couvertes de bois & sur l'eau , qui ne sont

pas auſſi propres à réfléchir. Il n'eſt aucun Marin
qui n'ait éprouvé cette derniere différence , &
j'ai ſouvent été frappé de la chaleur ſuffocante
que l'on reſſent au premier moment de la ſortie
d'un canot , en mettant pied à terre , pendant la
chaleur du jour , dans les Colonies de la zone-
torride : c'eſt ſur-tout par un temps calme , lorſque le ſoleil paroît , que l'on peut eſſayer cette
expérience. Si , comme on l'a déja entrevu , le
Vent avoit réellement ſon principe dans la chaleur & les émanations de notre globe , il s'en-
ſuivroit que le raiſonnement indique auſſi bien
que les faits , que le Vent ne doit pas exiſter à
une grande élévation , & jamais fort au-deſſus
des nuages qui ſont formés des émanations terreſtres les plus ſubtiliſées , déja reduites ſous la
forme de vapeurs , & élevées à une région de-
venue froide , parce qu'elle participe peu ou point
du tout à la chaleur réverberée du globe. Il n'en
faut pas conclure cependant que la partie de
l'atmoſphere , ſituée au-deſſus des nuages , ſoit
dans un état de ſtagnation : indépendamment de
l'effet de l'attraction de la lune , du ſoleil & des
aſtres , que nous avons déja reconnu , l'agitation
inférieure a encore de l'action ſur elle ; mais ce
dernier mouvement dans les couches ſupérieures , eſt un mouvement communiqué ; elles n'en

contiennent point le principe , & c'eſt tout ce que l'on prétend dire. C'eſt encore par le fait de la réverbération , que l'on peut expliquer comment le Vent détruit pour nous une partie de la chaleur du ſoleil : les particules ignées ſont détournées de leur direction par le Vent ; elles frappent la terre d'une maniere plus oblique , elles la pénetrent moins , & elles ſont détournées encore en ſe réfléchiſſant. C'eſt ainſi que tout n'eſt pas brulé ſous l'équateur , où les rayons du ſoleil dardent ſi ſouvent à plomb ; que les chaleurs de nos climats , lorſqu'il n'y a point de Vent, ſont quelquefois plus ſenſibles & plus gênantes que celles de la zone-torride , où des briſes conſtantes ſe font ſentir , & que l'hyver eſt pour nous la ſaiſon la plus froide , malgré la plus grande proximité où eſt alors le ſoleil de la terre , à cauſe de l'obliquité ſous laquelle il nous envoie ſes rayons.

8. L'air , de même que tout autre fluide , tend toujours à l'équilibre. Ainſi, par-tout où une cauſe quelconque rarefiera l'air dans un eſpace déterminé , l'air environnant preſſera cet eſpace en raiſon du ſurcroît de ſa peſanteur ſur l'air raréfié. D'après le même principe , ſi cet eſpace laiſſe quelque ouverture par où l'air environnant puiſſe s'introduire, il y entrera en effet avec une force

toujours proportionnée à la différence de pesanteur des deux airs. Cette Observation très-importante dans la Théorie que nous allons exposer, est certifiée par une expérience que tout le monde peut faire. Si dans une chambre sans feu, on s'approche de la porte & des fenêtres, on ne s'appercevra que peu ou point du tout que l'air s'introduise dans la chambre par les ouvertures que laisse toujours en ces parties le manque de jonction exacte ; mais si l'on échauffe l'intérieur de la chambre, l'introduction de l'air deviendra très-sensible, & en redoublant le feu, elle pourroit même acquérir assez de vîtesse pour former un sifflement que l'oreille distingueroit.

9. L'expérience nous a appris qu'il existoit trois genres particuliers de Vents : les uns constants, les autres variables, & enfin les troisiemes périodiques. Les Vents constants se trouvent à droite & à gauche de la ligne équinoxiale, environ entre trente degrés de latitude nord, & trente degrés de latitude sud. Là, les Vents soufflent de la partie de l'est constamment & sans interruption du moins sur la surface des mers : on les nomme aussi *Vents Alisés.* Depuis ces mêmes paralleles jusqu'aux pôles, tant dans la partie boréale que dans la partie australe, les Vents, loin d'être fixes, prennent tantôt une direction

& tantôt une autre, n'ayant rien de reglé ni qui puisse être prévu, soit dans leur cours, soit dans leur force, soit dans leur durée : on les nomme *Vents Variables.* Enfin, dans la zone-torride, c'est-à-dire, dans la région même des Vents Alisés, il y a dans quelques lieux, & particuliérement dans la mer des Indes, une exception au cours régulier des Vents Alisés ; de sorte que dans ces lieux on y trouve des Vents qui soufflent pendant la moitié de l'année d'un côté, & pendant l'autre moitié du côté opposé. Ces derniers Vents d'ailleurs ont un cours reglé, périodique & anniversaire, & on les connoît sous le nom de *Moussons.* On doit ranger dans cette derniere Classe des Vents de terre & de mer aussi réguliers que les Moussons, mais journaliers au lieu d'être anniversaires, que l'on trouve dans presque tous les pays chauds, & dans les zones temperées lors des saisons chaudes : on les appelle *Brises de Terre & de Mer*, ou *Brises de Terre & du Large.* Pour plus d'ordre & de clarté, nous suivrons cette même Division ; nous parlerons séparement de chacune de ces trois especes de Vent, & nous tâcherons d'en assigner la Théorie.

DES VENTS ALISÉS.

LE Vent Alifé peut être regardé à quelques
égards comme le Vent primitif, & peut-être
fuffiroit-il feul à imprimer du mouvement à la
maffe entiere de l'atmofphere. Pour s'en convaincre, il faut jetter les yeux fur la Carte réduite de la Terre, qui eft jointe à ce Mémoire.
On y verra la vafte Bande des Vents Alifés placée
au milieu du Globe, & féparant en deux la Région des Vents Variables. Dans cette Carte, qui
ne s'étend de chaque côté qu'à foixante degrés
de latitude, ces degrés, ainfi que dans toute autre
Carte réduite, croiffent, en s'éloignant de l'Equateur, dans une proportion qui pourroit en im-
pofer à l'œil, & faire penfer que la bande des
Vents Alifés n'eft qu'une petite partie en la
comparant aux deux autres ; mais le calcul peut
rectifier à cet égard cette idée, & ce n'eft point
nous écarter que de nous arrêter un inftant fur
cet objet.

Soit FIG. A la terre ; la ligne PCP',conduite d'un
pôle à l'autre par le centre C de la terre, fon dia-

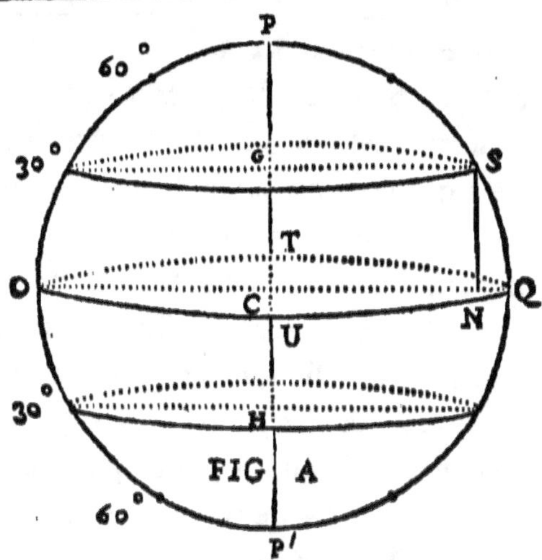

mètre ; le grand cercle OUQT l'équateur , les deux
autres cercles paralleles à l'équateur , & conduits à
30° de diftance de l'équateur , marqueront la zone
& les limites des Vents Alifés. Or, il eft facile
de connoître le rapport de cette furface avec
la furface totale de la terre. En effet, on fait,
par la Géométrie , que la furface d'une fphere
eft égale au produit de la circonférence de
fon grand cercle par la longueur de fon diamètre ;
& auffi qu'une furface fphérique eft égale au
produit de la circonférence du grand cercle, par
la portion du diamètre qui mefure la hauteur
de cette furface. Or, appliquons ceci à la terre
& à ce que nous cherchons:

Le degré de la terre valant vingt lieues , il

s'enfuit que la circonférence totale de la terre eft de 360 fois 20 lieues ou 7,200 lieues. Donc, fon diamètre en lieues eft à peu-près de 2,292 lieues, ce qui donne pour la furface totale de la terre 16,502,400 lieues quarrées.

Actuellement, pour avoir la furface de la zone des Vents Alifés, il faut multiplier la même circonférence 7,200 lieues par la valeur de GCH hauteur de la zone : or, voyons ce que c'eft que GCH. D'abord il eft évident que cette ligne GCH eft formée de deux parties égales GC & HC, puifque les deux cercles font paralleles, & chacun à 30° de diftance de l'équateur. Il eft tout auffi évident que GC eft égal à SN, en fuppofant que SN eft une perpendiculaire abaiffée de l'extrêmité de l'arc SQ fur le rayon CQ ; mais en ce cas SN eft le finus de l'arc SQ, ou d'un arc de 30°, & eft conféquemment égal à la moitié du rayon. Donc GC égale la moitié du rayon, & GCH égale le rayon même. Multipliant donc 7,200 par 1,146 lieues, on a pour la furface de la zone des Vents Alifés 8,251,200 lieues quarrées, ou précifément la moitié de la furface totale de la terre.

Ceci juftifie ce que l'on a dit que le Vent Alifé pourroit peut-être feul donner du mouvement à la totalité de l'athmofphere, & du moins

cela

cela est-il certain à l'égard de la partie inférieure
que nous avons distinguée, & qui est le siege &
la région des Vents.

La parfaite analogie qu'il y a entre le cours
du soleil, les phénomenes de sa chaleur, & les
Vents Alisés, ne laisse aucun lieu de douter que
cet astre n'en soit la cause & le moteur ; mais
au reste il ne faut jamais oublier que, par l'expression simple de la chaleur du soleil, nous en-
tendons sa chaleur réfléchie, & qui, comme on
l'a dit, a une puissance bien supérieure. La région
des Vents Alisés est en plus grande partie formée
de celle de la zone-torride, aussi, pour la facilité de l'expression, pourrons-nous bien quelques
fois les confondre ; c'est la partie de notre globe
que le soleil échauffe avec une force d'autant
plus grande, que ses rayons y agissent plus verticalement, & que la terre, qui en est plus profondément pénétrée, les réfléchit de la même
maniere. L'air donc échauffé se dilate, se raréfie,
& ne pouvant s'échapper par les côtés, puisqu'il
est environné par-tout de colonnes d'air plus
denses, il est contraint de s'élever, & il le fait
avec d'autant plus de facilité, qu'il devient plus
léger par sa raréfaction même ; mais il est un
terme à l'élévation de cet air, au-delà duquel il
se refroidit & se condense. Il gravite alors &

B

ſe répand pour rechercher le niveau. Plus ſouvent peut-il participer dans ce mouvement du
cours de l'athmoſphere inférieure ; cependant il
eſt fréquent dans la zone torride, de voir les
nuages élevés non-ſeulement avoir un cours différent des nuages inférieurs, mais même en avoir
un entiérement oppoſé à celui du Vent quoique
conſtant qui y regne, ce qui ſemble prouver
que cet air ſe répand en tout ſens, & ce qui
eſt fait pour juſtifier notre hypotheſe.

L'air cependant ne peut ſe dilater ainſi dans
tout l'eſpace expoſé à l'action du ſoleil, ſans que
les colonnes d'air latérales, compoſées d'un air
plus denſe, & conſéquemment plus peſant, ne
viennent remplacer le vide qui s'y forme, pour
être raréfiées & élevées à leur tour, à meſure
qu'elles ſe trouvent au foyer des rayons du ſoleil,
& faire place ainſi à de nouvelles colonnes deſ-
tinées à éprouver le même effet. Si le ſoleil agiſ-
ſoit toujours ſur le même point, il n'eſt aucun
doute que l'air ne ſe précipitât en tout ſens vers
ce foyer ; mais il n'en eſt pas ainſi : à chaque inſ-
tant, la terre, par ſa rotation, oppoſe des lieux
nouveaux au ſoleil ; &, parce que c'eſt vers les
parties occidentales de la terre que l'action de
cet aſtre ſe dirige, ce ſont les colonnes d'air orientales qui ſe réfroidiſſent les premieres. Ce ſont

donc elles qui, en se condensant les premieres, acquierent du poids & se précipitent vers le vide nouveau que le soleil forme à l'ouest.

Telle est la cause des Vents Alisés : vents aussi constants dans leur direction, que la marche de l'astre qui en est le principe. Entrons à présent dans quelques détails, & considérons si les faits cadrent à cette Théorie. Nous compterons dans ce moment-ci pour rien les exceptions qui ont leurs causes dans le voisinage des terres ou dans quelques phénomenes rares & particuliers, qui seront expliqués à l'Article des Vents Variables; & d'abord nous observerons que la marche de cet astre étant sensiblement égale, & ses effets sensiblement égaux, le Vent Alisé doit être égal comme sa cause. C'est en effet ce que l'expérience démontre : le Vent Alisé n'est jamais accompagné de tempêtes, & très-rarement, excepté sous la ligne, comme on le verra plus bas, est-il calme. Les vaisseaux, parvenus dans les parages de ces Vents, comptent alors, avec assez de certitude, le nombre de jours qu'il ont à tenir la mer, d'après la distance où ils sont de leur destination; & un bâtiment, d'une marche moyenne, doit estimer faire environ trente lieues par jour. Une autre observation qui cadre encore fort bien avec nos principes, c'est que non-seulement les Vents

Alifés , mais même tous les Vents d'Eft , par un beau temps , renforcent toujours un peu pendant le jour ; c'eft-à-dire , pendant que le foleil eft fur l'horifon , & font plus calmes pendant la nuit.

Peut-être voudroit-on objecter le peu de force même du Vent Alifé , qui , en dépendant du foleil, devroit participer à la vîteffe du mouvement de la terre fur fon axe , & qui ne fait qu'environ dix pieds par feconde , tandis que l'équateur en parcourt 1 , 425 dans le même efpace de temps. Mais cette difficulté paroîtra fans force , fi l'on confidere que le foleil n'agit à la fois que fur une partie de l'athmofphere , & qu'il y a conféquemment beaucoup de réfiftance à vaincre , relativement à la maffe totale. En effet , on doit croire & pofer en principe que l'action du foleil a la même étendue de l'Eft à l'Oueft que celle que nous lui connoiffons du Nord au Sud : ainfi donc il doit agir à la fois fur environ foixante degrés de longitude , ce qui forme la fixieme partie de 360º , & la fixieme partie feulement de la totalité de la bande des Vents Alifés. L'athmofphere fupérieure , qui ne participe point à cette action, forme , par fon adhérence, un nouvel obftacle ; la furface du globe, hériffée d'inégalités, en préfente un autre ; & il y a encore un autre frottement ou plutôt une décompofition de forces, propre à retarder le mouvement de l'athmoſphere, dont il eſt néceſſaire de parler. Le ſoleil, en agiſſant, par ſa chaleur, ſur une auſſi vaſte étendue que celle des Vents Aliſés, ne peut avoir une action égale ſur tout cet eſpace, & on conçoit facilement que lorſqu'il eſt à l'équateur, la partie de l'athmoſphere, qui répond verticalement à ſes rayons, eſt plus échauffée que celle qui ſe trouve à 30° de diſtance vers le nord ou vers le ſud. Il en réſulte donc que les colonnes d'air latérales du Nord & du Sud preſſent ſur les colonnes orientales, qui, en ſe refroidiſſant, viennent remplacer les vides que le ſoleil cauſe, par ſa chaleur, vers l'Oueſt : ainſi, dans l'hémiſphere boréal, le Vent Aliſé doit prendre en partie du Nord, & dans l'hémiſphere auſtral, le Vent Aliſé doit prendre en partie du Sud ; & c'eſt ce qui arrive en effet. Or, ces deux Vents, en ſe rencontrant vers l'équateur, s'affoibliſſent néceſſairement par leur choc & par la deſtruction des directions oppoſées, & il en réſulte, ſous la ligne même, un Vent directement à l'Eſt, mais calme, qui eſt Eſt-nord-eſt & Eſt-ſud-eſt, & plus frais à quelque diſtance de l'équateur, & qui eſt preſque Nord-eſt & Sud-eſt aux limites des Vents Aliſés. L'expérience, qui confirme tout cela, juſtifie encore le raiſonnement que nous étions

en droit d'en conclure ; c'eſt que ſous la ligne ,
indépendamment du calme , la réunion des nuages
du Nord-eſt & du Sud-eſt , & le mélange des particules hétérogènes qu'ils contiennent , doivent y
occaſionner de groſſes pluies & des orages qui y
ſont en effet habituels , & qui rendent ce paſſage
déſagréable aux Marins.

Le ſoleil eſt tellement la cauſe des effets que
l'on vient de détailler , que ce que l'on a dit
exiſter ſous la Ligne , a lieu , pour parler plus
exactement, ſous le parallele du ſoleil ; de ſorte
que , par la même latitude boréale où le Vent
étoit Eſt-nord-eſt , tandis que le ſoleil étoit à
l'équateur , le Vent devient Eſt lorſque cet aſtre
y eſt parvenu ; & on le voit même Eſt-ſud-eſt
à l'équateur , lorſque le ſoleil eſt dans le voiſinage
du tropique du Cancer. Alors la ſphere d'activité
du ſoleil s'étend plus au Nord ; de ſorte que les
vaiſſeaux qui partent d'Europe, trouvent les Vents
Aliſés plutôt. Les calmes, les orages ſe rencon-
trent de même ſous le parallele du ſoleil ; ou du
moins ils y deviennent d'une fréquence remarquable. Cependant ces effets n'ont jamais toute
l'étendue qu'ils ſembleroient devoir acquérir :
c'eſt que cet aſtre agit principalement par ré-
flexion , & que la terre eſt toujours moins im-
pregnée de chaleur vers les tropiques que ſous

l'équateur, dont le soleil ne s'écarte jamais de plus de 23° 28', & où il agit verticalement à chaque équinoxe.

Tout se passe à peu-près de la même façon dans la partie australe : à mesure que le soleil s'approche du tropique du Capricorne, sa sphere d'activité s'étend vers le Sud, & elle perd au contraire vers le Nord. Les vaisseaux qui partent alors d'Europe, ont plus tard les Vents Alisés, & j'ai vu l'Escadre commandée par M. le Comte de Blenac, allant de France aux Antilles, en 1762, éprouver, dans le mois de Février, pendant plusieurs jours de suite, un gros Vent de Sud-ouest presque sous le tropique du Cancer. Il y a cependant dans l'hémisphere austral une différence très-remarquable à cet égard, & qui prouve de plus en plus en faveur de notre opinion. Le Vent dans cette partie est en général plus frais & plus déterminé ; les calmes & les orages y sont plus rares, & lors même que le soleil est à l'équateur, on ne les trouve gueres au-delà de deux degrés de latitude Sud, quoiqu'ils s'étendent alors jusqu'à huit & neuf degrés de latitude Nord. Pourquoi donc le Vent de Sud-est a-t-il cet avantage sur le Vent de Nord-est, & résiste-t-il plus à l'action du soleil ? Le voici. L'hémisphere austral, à latitudes égales, est beaucoup plus froid que le notre. Peut-être cela vient-il de la quantité des terres que l'on trouve dans celui-ci , & de la quantité d'eau qui couvre au contraire le premier ; mais la caufe n'eft point de notre reffort , & il fuffit pour nous que l'expérience ait démontré infailliblement cette vérité. L'athmofphere y eft donc en général plus denfe , plus gravitante ; & , lors du vide que le foleil caufe en raréfiant l'athmofphere , il eft néceffaire que les colonnes d'air du Sud-eft aient un furcroît de force proportionné à la différence de leur pefanteur fpécifique. Auffi quelques Navigateurs ont-ils appellé les Vents Alifés du Sud de la Ligne *Vents Généraux* , pour les diftinguer des Vents du Nord-eft, auxquels feuls ils donnoient la dénomination de *Vents Alifés*.

Ce que l'on a dit fur la raréfaction de l'air , par la chaleur & la preffion des colonnes d'air plus froides , a été mis hors de doute par la célebre expérience de M. Clarc , rapportée dans fon Traité du Mouvement des Fluides. Au milieu d'un grand plat plein d'eau froide , il plaça un petit plat rempli d'eau chaude ; puis ayant une chandelle allumée , il la fouffla , & pendant qu'elle fumoit encore il l'approcha du bord du plat plein d'eau chaude. La fumée fe porta auffi-tôt au-deffus du milieu de ce plat , & ce ne fut qu'alors qu'elle s'éleva d'une maniere verticale. Ayant changé

fes difpofitions, de maniere que le petit plat du milieu fut rempli d'eau froide, & que le grand plat contint l'eau chaude, il plaça la chandelle fumante au-deffus de l'eau froide, & alors la fumée, loin de s'élever perpendiculairement, fe dirigea au contraire au-deffus de l'eau chaude du grand plat, entraînée par l'air froid qui fe portoit vers l'air raréfié par cette eau chaude.

Il fe préfente ici fort naturellement une obfervation qui ne doit pas nous échaper : c'eft que, par nos principes, les ifles & les continents étant plus fufceptibles que la mer de recevoir & de réfléchir la chaleur du foleil, peuvent être confidérés comme le plat d'eau chaude dont on vient de parler, placé au milieu de l'océan, qui contient l'eau froide. Il en doit donc réfulter que, fur leurs côtes occidentales, non-feulement le Vent Alifé foit fans effet, mais que l'air plus condenfé de la mer foit porté au contraire vers les terres au-deffus defquelles l'air eft plus raréfié. Auffi cela a-t-il lieu réellement, non pas, à la vérité, aux ifles très-petites, telles que les Antilles & l'Ifle-de-France, qui par-là font incapables de déranger le cours général de l'athmofphere ; mais les Vents de mer exiftent vraiment & conftamment aux côtes occidentales de l'Amérique, de l'Afrique & de la Nouvelle-Hollande, fituées dans la région de la zone torride. En jettant les yeux fur la Carte, & obfervant la diverfité des giffemenrs de celles de l'Afrique, on trouvera même unè nouvelle preuve de ceci dans les différentes efpeces de Vents qui y regnent, qui font Nordoueft aux côtes de Maroc, Sud & Sud-oueft à celles de Guinée, & Oueft aux côtes d'Angole. Le principe en eft actuellement trop évident, pour qu'il ne foit pas facile de fentir que la force & l'étendue de ces Vents dépendent de la quantité de chaleur que la terre eft fufceptible de réfléchir. Auffi n'en eft-il point de plus marqués que ceux d'Afrique, à caufe du terrein fabloneux & des vaftes déferts fecs & arides de cette partie du monde, que l'on fait être la plus chaude de l'univers. Ces Vents, qui ont leur plus grande force dans le voifinage des terres, fe font fentir à plufieurs degrés au large. Là, le Vent Alifé reprend fon cours ordinaire, &, pour qu'il ne refte aucun doute fur la caufe, nous devons citer les calmes que l'on trouve dans ces parages, & qui font une fuite néceffaire du balancement qu'éprouve l'air entre le Vent général d'Eft & les Vents particuliers qui fe portent vers les côtes. Par la même raifon, on y trouve encore des orages & de groffes pluyes que les vapeurs & les nuages ftagnants y occafionnent, & dont le ré-

ſultat eſt de purifier l'air & d'en rétablir l'équilibre. On doit d'ailleurs ſentir qu'il y a ſur les
terres pluſieurs exceptions à ceci, parce qu'à la
chaleur du ſoleil, cauſe puiſſante & principale,
il ſe joint ſouvent d'autres cauſes locales dues aux
ſituations & aux émanations particulieres des
terres. Les montagnes élevées, & dont quelques-
unes, telles que les Cordilieres, recelent des
frimats continuels, doivent former néceſſairement
des obſtacles au cours du Vent Aliſé, en occaſion-
nant des condenſations diverſes dont on verra toute
la puiſſance à l'Article des Vents Variables. Auſſi la
ſurface plane des mers eſt-elle le champ vrai, ainſi
que le plus vaſte, qui doit ſervir aux obſervations.
Au reſte, les Vents Aliſés ne ſont point totalement
exempts d'inégalités. Quelquefois ils ont un
ſurcroît de force, quelquefois ils ſont calmes;
quelquefois même ils varient, & c'eſt dans les
régions où ils regnent, qu'éclatent ces terribles
ouragans dont nos coups de vent nous donnent
à peine une idée. Tous ces faits cependant ne
contrediſent point notre Théorie, & nous ten-
terons de les expliquer, à meſure que l'occaſion
s'en préſentera, en traitant des Vents Variables.

Le ſoleil néceſſite donc par ſa chaleur un grand
mouvement dans l'athmoſphere, & dans les lieux
où cette chaleur a une forte puiſſance; le cours

invariable de l'aftre entraîne & détermine celui de l'air : telle eft la caufe des Vents Alifés. Voyons actuellement quels font les Vents dans les autres parties du monde.

DES
VENTS VARIABLES.

ON a vu que les limites des Vents Alifés n'é-
toient point tellement établies, qu'elles ne s'éten-
diffent ou ne fe refferraffent quelquefois d'après
la faifon de l'année ou le lieu du foleil ; mais
enfin les Vents Variables commencent là où cet
aftre ceffe d'avoir une activité affez forte pour
vaincre la foule innombrable d'obftacles qui s'op-
pofent à une marche réguliere de la part d'un
fluide auffi mobile que l'air, & ils s'étendent ainfi
jufqu'aux pôles. Dans cet efpace, il n'y a plus
rien de fixe & de fuivi; tant & tant de caufes
oppofées peuvent agiter l'air, qu'il feroit fort
extraordinaire en effet de trouver la moindre
régularité dans la marche de ces Vents. Effayons
cependant d'expliquer leur cours, la diverfité de
leur force, & leur inconftance même.

En général tout ce qui rompt l'équilibre de l'air,
ou fait changer de place à une partie de l'athmofphere, produit du Vent. Ainfi, le mouvement d'un
corps quelconque, le jeu d'un foufflet, les cafcades,

l'agitation de la mer, font du Vent ; mais comme nous ne nous occupons ici que de l'air mû dans une étendue un peu confidérable, telle, par exemple, que le mouvement puiffe être fenfible pour la Navigation, nous oublierons tous les petits objets, & nous ne confidérerons que les caufes princi-pales émanant des loix de la nature, & indépen-dantes de la volonté & de la puiffance des hom-mes. Ces caufes font 1°. l'Élafticité de l'air qui, comprimé par quelque caufe que ce foit, eft bien-tôt néceffité à une réaction. 2°. Les Condenfa-tions & les Dilatations partielles de l'athmofphere, occafionnées par le froid & le chaud, & qui varient dans diverfes régions & à diverfes hau-teurs. 3°. La Fermentation des vapeurs qui s'élè-vent de la terre & de celles que les nuages contiennent. 4°. Enfin, certains grands Mouve-mens de l'intérieur du globe, & d'autres moindres qui produifent des exhalaifons & des Vents fou-terreins : confidérons en détail chacun de ces Objets.

De l'Élafticité & de la Réaction de l'Air.

RAPPELLONS-NOUS que la furface des Vents Alifés égale celle de la région des Vents Variables. Il en réfulte donc en général une tendance très-marquée de l'air à se rendre des pôles où il est plus dense, à l'équateur où il est plus raréfié. Aussi, dans nos climats, toutes les fois que le temps est beau; c'est-à-dire, que l'athmosphere jouit d'un état de pureté & d'équilibre, voyons-nous les Vents moderés se ranger entre le Nord & l'Est? Dans l'hémisphere austral le Vent passe dans les mêmes circonstances, & par la même cause, du Sud à l'Est, & cette remarque n'a point échappé à plusieurs Voyageurs. C'est donc-là, pour ainsi dire, l'état naturel du Vent, & c'est par-là que le Vent Alisé peut être considéré comme une cause premiere des Vents des zones tempérées & glaciales. Un tel effet cependant ne peut exister sans que l'air, accumulé au centre, ne reflue en sens contraire. Peut-être, & nous avons lieu de le croire, l'athmosphere est-elle plus élevée à l'équateur, en raison des forces centrifuges: il doit en être ainsi de la partie de l'athmosphere inférieure, qui est le siege des Vents, & la seule que nous considérions ici. Mais, enfin, lorsque ce surcroît d'élévation, nécessaire à l'équilibre, est une fois établi, tout nouvel air ajouté occasionne une pression, & il faut absolument que, par quelque moyen que ce soit, il reflue alors une partie du fluide vers les pôles. Cette réaction n'est donc point douteuse, mais

elle paroît avoir lieu de différentes manieres :
quelquefois elle n'eſt que ſupérieure , & alors
nous continuons à jouir d'un beau temps ; quelquefois elle eſt plus violente , & ſon effet alors
ſe fait ſentir juſqu'à la ſurface de la terre. Peut-
être cette différence eſt-elle en partie déterminée
par la raiſon combinée de l'élévation de l'athmoſphere ſous l'équateur dont nous venons de parler ,
& de l'intumeſcence qu'occaſionne à l'air la raréfaction ſolaire qui n'a pas lieu au même point.
Mais , quoiqu'il en ſoit , cette réaction exiſte ,
& c'eſt de là que ſouvent les Vents de-Nord-
eſt de nos climats , lorſqu'ils ont duré pluſieurs
jours , ſont preſque immédiatement ſuivis de
Vents du Sud-oueſt ; & que très-rarement ces
mêmes Vents de Nord-eſt tombent au Sud-oueſt
autrement qu'en paſſant par le Sud-eſt , & par le
Sud ; puiſque c'eſt au midi qu'exiſte le ſurcroît ou
l'accumulation d'air qui les cauſe. Cette réaction ,
dont nous parlons, eſt, ſans contredit, une des ſour-
ces les plus puiſſantes & les plus communes des
variétés du Vent dans nos climats , parce qu'elle a
lieu non-ſeulement de la zone-torride à l'égard
des autres zones , mais par tout où quelque cauſe
a excité un mouvement conſidérable dans l'air.
C'eſt de cette combinaiſon que naiſſent mille
ſortes de Vents différents, dont le cours & la force

offrent

offrent des bizarreries inexplicables, & qui font le défefpoir de ceux qui étudient le Vent dans fes effets.

Ce que nous venons de dire, explique encore très-bien pourquoi les Vents qui montent au nord-eft ou à l'eft, paffent ordinairement par le nord, & pourquoi ils font alors en général plus durables. En effet, cette circonftance eft le plus fouvent le réfultat de la fituation naturelle de l'athmofphere, qui tend vers l'équateur; au lieu que le Vent ne peut prendre fon tour par le fud, qu'en vertu d'une tendance de l'air de l'équateur vers les pôles, ce qui eft contre la loi générale, & promet une moindre durée.

D e s Condenfations & Dilatations de l'Athmofphere; & des Fermentations des Vapeurs qui s'élevent de la Terre.

Une caufe d'un genre femblable eft la différence locale & fans ceffe variable de la chaleur fur les différents points de l'athmofphere; différence bien fenfible & très-marquée par les états de thermomètre, & que quelquefois un feul nuage, interpofé entre le foleil & la terre, fuffit pour occafionner. A cette caufe s'en joint fouvent une autre provenant des vapeurs qui s'élevent

C

de la terre, & qui fermentent entre elles. De-là
une foule de condenfations & de dilatations
partielles & diverfes de l'athmofphere, & conféquemment une interruption continuelle dans
l'équilibre & dans le cours de l'air. Ici ce fluide,
dans un état tranquille & moyen, permet une
compreffion fur lui, qui ne tarde pas à réagir,
& fait quelquefois varier le Vent plufieurs fois
en un jour. Là, des vapeurs hétérogenes & dif-
féremment électriques fe rapprochent, & de leur
choc ou de leur mélange, naiffent la foudre, les
grains & la pluie. Plus loin, enfin, les nuages
s'accumulent, raffemblés d'une grande diftance,
par des caufes qui agiffent en fens contraire, &
préparent ainfi ces tempêtes qui font la défo-
lation des Navigateurs.

Perfonne, je penfe, ne doute que ce ne foit
dans les nuages & les vapeurs fermentantes dont
ils font formés, que réfide la caufe immédiate
de ces météores. L'expérience a fondé à cet
égard notre croyance : jamais, en effet, ils
n'exiftent dans l'abfence des nuages, & l'on fait
que, par un temps clair & fin, on n'éprouve
qu'un Vent modéré & égal. Dans les gros coups
de Vent au contraire le ciel eft chargé & couvert;
le foleil ne peut percer & fe faire voir, & les
nuages, loin d'être pouffés par la violence du

Vent, femblent faire maffe & être immobiles, retenus fans doute par les caufes oppofées qui les ont raffemblés , & par leur propre volume. Auffi les coups de Vent, quoique fort inégaux en force & en durée , ont-ils toujours une grande étendue. Ce n'eft qu'au bout d'un temps plus ou moins long , que les nuages commencent à prendre un cours bien déterminé , & cet effet annonce que le Vent n'aura point de plus grand effort ; enfin, dès qu'ils font coupés , & que l'on apperçoit entre eux l'azur du ciel , ou , comme s'expriment les Marins , le *Vieux-Ciel* , on eft affuré que le coup de Vent touche à fa fin. Ce qui prouve encore que le mouvement de l'air , dans les coups de Vent , a pour principe l'accumulation des vapeurs , c'eft que , dans ce cas , fon cours reffemble à celui d'une riviere , toujours plus rapide au milieu & plus foible fur les bords. On a vu , par des Journaux de Navigation , que deux bâtiments ont été plufieurs jours de fuite à une diftance médiocre l'un de l'autre , tous deux ayant un même Vent contraire à leur route , mais l'un jouiffant d'un temps modéré qui lui permettoit de porter de la voile , tandis que l'autre étoit à la cape battu par un gros temps.

Le tonnerre a de même fon origine dans les vapeurs élevées de la terre. Les nuages , à la

vérité ont fouvent alers un cours déterminé &
quelquefois rapide ; & pourquoi cela ne feroit-
il pas , l'orage n'occupant jamais qu'une étendue
bornée ? Mais ceux qui paroiffent porter la foudre
s'élevent ordinairement & s'avancent contre le
Vent regnant à la furface de la terre, & cette
fingularité eft faite pour qu'on l'obferve. Ce que
l'on connoît de l'électricité & de fon rapport
avec le tonnerre, autorife à raifonner ici par
analogie. Nous fommes donc en droit de conclure
qu'il faut , pour que la foudre éclate, qu'il y ait
non-feulement choc entre les nuages, mais encore
qu'ils foient diverfément électriques, ce qui ne
peut gueres arriver que lorfqu'ils ont été formés
dans des lieux différents , & qu'ils font rapprochés par des caufes oppofées. En effet, on fait
que , dans l'électricité , l'étincelle n'a lieu que
par le rapprochement de deux corps parvenus à
leur fphere d'activité , dans lefquels la quantité
en plus & en moins de matiere électrique tend à
l'équilibre, & dans lefquels il s'établit en effet
par ce moyen. De forte que deux corps très-
électriques , mais femblablement électriques, ne
donnent aucune explofion, & qu'en général toute
détonation n'a lieu qu'en raifon de la différence
de la quantité électrique que contiennent les corps
rapprochés. On fent facilement, en ce cas, que

des nuages formés dans les mêmes lieux , & fuivant un même cours , doivent être trop homo-
genes pour faire éclater la foudre. C'eft donc
prefque une néceffité , pour qu'il tonne , que des
nuages , formés dans des lieux différents ; pour
être compofés de parties hétérogenes , foient
rapprochés par des Vents oppofés ou par ces
condenfations & dilatations partielles de l'athmofphere dont nous avons parlé : quelquefois, dans ce
dernier cas , les nuages fe raffemblent de plufieurs
côtés , & alors on dit qu'il y a plufieurs orages.
Voilà pourquoi le tonnerre eft rare , malgré la
quantité de matiere électrique dont les nuages
font toujours plus ou moins chargés ; pourquoi
les montagnes, qui arrêtent & fixent les vapeurs ,
rendent les pays où elles font fituées plus fujets
aux orages ; & pourquoi il tonne fi peu en pleine
mer , où les nuages font en général formés de
parties analogues & femblables. C'eft en été que
la chaleur plus forte rend les dilatations & les
condenfations partielles de l'athmofphere plus fenfibles & plus fréquentes ; c'eft encore en été
que la même caufe éleve une plus grande quantité
de vapeurs , & que le tonnerre conféquemment
gronde plus fouvent. Le Vent dans cette faifon eft
auffi généralement plus variable & plus fujet aux
calmes , parce que , dans notre hémifphere rem-

pli de terres, ces dilatations partielles s'affoibliffent & fe contrarient par leur quantité même.
Enfin, c'eft la dilatation que caufe vers l'équateur
la préfence du foleil fur notre horifon, & la
condenfation qu'amene fon abfence, qui expli-
quent l'obfervation qui a été faite que le Vent
de nord étoit plus fort le jour, & celui du midi
plus fort pendant la nuit.

Les grains ont auffi leur fource dans les nuages,
& fuivant la quantité & l'efpece des matieres
aqueufes, gazeufes & électriques que contient
le nuage, c'eft en vent, en pluie, grêle ou neige
qu'il fe réfoud avec une violence plus ou moins
grande. On fait que, de nos jours à Paris, M.
Quinquet a obtenu, par le moyen de l'électricité,
tous les météores glacés. Il eft des grains qui ne
donnent que du Vent, il en eft qui ne donnent
que de l'eau, mais le plus fouvent ils donnent
l'un & l'autre : quelquefois même on en a vu
porter la foudre. Quoique leur peu d'étendue les
rende dépendants du Vent qui regne, & les force
à fuivre fon cours, il n'eft point douteux qu'ils
n'aient en eux le principe de la fermentation.
Le plus fouvent en effet ils influent fenfiblement
fur le Vent, en le faifant varier quelquefois de
plufieurs airs de Vent, & prefque toujours le

paſſage de chaque grain eſt ſuivi de quelques moments d'accalmie. (c)

Il ne doit donc reſter aucun doute ſur l'exiſtence des vapeurs gazeuſes, électriques & fermentantes dans les nuages. Auſſi voit-on dans chaque pays les Vents donner des phénomenes différents d'après les lieux divers d'où viennent les nuages & les vapeurs qu'ils tranſportent. En Europe les Vents du Nord à l'Eſt ſont clairs & ſecs ; ceux de l'Eſt au Sud ſont humides, brumeux, & donnent la neige en hyver ; les Vents du Sud à l'Oueſt donnent la pluie & les gros Vents ; & enfin, les Vents de l'Oueſt au Nord ſoufflent par grains, & pouſſent conſtamment de gros nuages blancs détachés. Par la même raiſon, ces Vents ſont plus ou moins ſains, plus ou moins nuiſibles à la conſervation de la ſanté ; & d'après la qualité, la condenſation ou la fermentation des vapeurs qu'ils tranſportent, on les trouve quelquefois chauds en hyver, ou froids en été. On a prétendu qu'il y avoit en quelques lieux des Vents tellement chargés de vapeurs, qu'ils étoient capables de produire les effets les plus violents,

---

(c) Accalmie eſt un terme de Marine qui ſignifie une diminution inſtantanée & conſidérable du Vent, qui peut même aller juſqu'au calme, mais après laquelle il reprend ſa force.

C'est ainsi, dit-on, qu'aux côtes brûlantes de Guinée, il s'éleve quelquefois un Vent que l'on nomme *Hermatans*, qui est si froid, qu'il donneroit la mort à tous les êtres qui y resteroient exposés ; & que dans le golphe de Perse, au contraire, il y en a quelquefois de si chauds, qu'ils feroient périr également ceux qui les affronteroient. Quoique ces faits ne soient pas absolument denués de toute vraisemblance, je ne m'en rends cependant point le garant. Au reste, une partie de ce que l'on a dit appartenir aux nuages, doit s'entendre des vapeurs qui ne se manifestent pas invariablement sous la forme de nuages. Tels font ces *grains blancs* ou *hauts-pendus* de la zone torride, qui paroissent à peine dans un ciel serein & clair, & desquels fort un Vent momentané, mais impétueux, & capable de causer les plus grands dégâts aux vaisseaux qui ne s'en méfient point. Telle est une vapeur brumeuse très-sensible, qui cerne quelquefois tout l'horison, & le rend gras & épais, malgré la présence du soleil, & que l'on voit particuliérement très-souvent à Cadix, lorsqu'il y souffle des Vents d'Est venant de la montagne de Medina-Sidonia, & nommés, par cette raison, *Medine*. On peut citer encore le phénomene connu du vulgaire sous la dénomination d'Etoile qui file, quoiqu'il ne paroisse point influer sur les Vents, & qui n'est autre chose qu'une vapeur gazeuse enflammée. C'est encore ainsi que quelques observations modernes paroissent assurer que la foudre s'éleve quelquefois du sein de la terre même.

Il pourroit bien être que la fermentation des gaz & des vapeurs, qui donne les coups de Vent, puisse détruire une partie de l'effet de la pesanteur de l'air, & soit la cause de l'abbaissement du mercure dans les barometres, à l'approche & pendant la durée des mauvais temps. La même cause expliqueroit le mouvement extraordinaire de haut & de bas qu'a le mercure, lors des gros coups de Vent, dans les barometres les mieux renfermés. Cette agitation seroit la suite de l'inégalité dans la fermentation, par laquelle l'air, de temps en temps, recouvreroit une partie de son poids naturel.

Les dilatations & condensations partielles de l'athmosphere, causées par la diversité de chaleur sur les différents points de l'athmosphere, sont donc hors de doute ; la fermentation des vapeurs particulieres, élevées par la chaleur, est aussi certaine ; & c'est là ce qui explique comment les nuages n'ont pas toujours le même cours dans un même temps, & comment, en dernier lieu, les aëroſtats ont ſouvent été mûs , par différents courants d'air, à différentes hauteurs: tout le monde connoît l'expérience attribuée à M. Francklin , & que voici. Si de deux appartements contigus , ſéparés par une porte fermée, l'un eſt échauffé par du feu ou par la préſence de beaucoup de monde , & que l'autre au contraire, privé de cette chaleur artificielle, ſoit ſenſiblement plus froid. Si, dis-je, dans cette diſpoſition, on vient à ouvrir la porte de communication des deux appartements , on pourra ſe convaincre, par la flamme d'une lumiere placée ſur le ſeuil de cette porte, qu'il y a un courant d'air aſſez vif qui va de l'appartement froid dans l'appartement chaud, tandis qu'une ſeconde lumiere, tenue vers le haut de la porte , convaincra de même qu'il y a dans cet endroit un courant contraire qui va de l'appartement chaud dans l'appartement froid; & enfin, une troiſieme lumiere , tenue vers je milieu de la hauteur de la porte , démontreroit , par ſa tranquillité , qu'il n'exiſte là aucun mouvement d'air ſenſible. Cette expérience eſt conforme à tout ce que nous avons dit. Les deux airs, différant en denſité & en poids , doivent tendre à l'équilibre & à ſe mêler. Celui de l'appartement froid, plus denſe, paſſe dans l'appartement chaud par en bas , & l'air de celui-ci, plus raréfié, &

conféquemment plus léger, paffe dans l'appartement froid par en haut. Ce doit être, fuivant cette loi, que l'air raréfié fe répand de l'équateur vers les pôles, & auffi qu'il reprend fon équilibre dans les dilatations & condenfations partielles de l'athmofphere. Voilà pourquoi les nuages qui portent la foudre, plus électriques & plus dilatés, font les plus élevés, & pourquoi, lorfque les nuages n'ont pas tous la même direction que le Vent regnant à la furface de la terre, ce qui n'eft point très-rare, j'ai conftamment obfervé que ce font les plus élevés dont le cours eft différent, tandis que les nuages les plus bas font prefque toujours entraînés par le Vent que nous reffentons.

Les vapeurs qui s'élevent de la terre, & qui, par leur fermentation, ont la puiffance d'exciter du Vent, font fenfibles dans la zone-torride, auffi bien que dans les autres zones. C'eft de là que viennent les inégalités qu'éprouvent quelquefois les Vents Alifés. Ces fermentations, felon la direction qu'elles prennent, contrarient le Vent ou le favorifent. Dans le premier cas, elles l'affoibliffent, elles le font varier de quelques quarts, & elles peuvent produire un ciel couvert & nuageux, parce qu'elles font plus long-temps à fe diffiper. Lorfqu'elles fuivent au contraire fa direction, elles doivent augmenter sa vîtesse, elles donnent ces brises fraîches, connues sous le nom de *Brises-carabinées*, & pendant lesquelles on apperçoit assez souvent une vapeur pareille à celle des *Médines* de Cadix. Au reste, ces fermentations peuvent avoir quelquefois un degré bien plus actif & capable de produire les effets les plus violents : nous en parlerons dans un instant.

Les terres, par leur situation, par les gaz qu'elles recelent, par leurs montagnes, ou leur peu d'élévation, par la quantité de chaleur qu'elles font susceptibles de réverberer, doivent avoir une grande puissance sur les dilatations & condensations locales & diverses de l'athmosphere, & aussi est-il facile de reconnoître leur influence sur les Vents. C'est de cette sorte que l'on voit assez souvent, mais particuliérement dans les pays chauds & proche de terre, deux vaisseaux courir l'un sur l'autre à route opposée, tous deux vent arriere & tous deux avec un bon frais. Ils s'approchent ainsi de très-près, & enfin une des brises surmonte l'autre, ou les deux vaisseaux restent en calme. La situation des terres élevées peut encore avoir de l'influence sur les Vents, en rompant leur effort, & en les détournant de leur direction. On éprouve tous les jours un effet femblable dans les villes où le Vent prend un cours différent dans chaque rue , & je me fuis plufieurs fois affuré, dans des ports de mer, que des Vents du large qu'on y avoit trouvé modérés , avoient été violents en mer. C'eft par ces caufes qu'il n'eft aucune contrée du monde qui n'ait fon Vent plus particulier, &, pour ainfi dire , favori. M. Mufchenbrock avoit remarqué que les Vents d'Oueft étoient les plus fréquents en Hollande; j'ai vérifié de même qu'aux côtes occidentales de Bretagne , les Vents font le plus fouvent au Sud-oueft ; que dans le fond du golphe de Gafcogne , les Vents font habituel- lement au Nord-oueft ; qu'ils prennent fouvent la même pofition dans la partie de la mer Médi- terannée , fituée au de là de la Sicile ; & que dix mois de l'année les Vents font du Nord-nord- oueft au Nord-eft aux côtes de Portugal. C'eft encore à ces caufes qu'il eft apparent qu'on doit attribuer un fait remarquable qu'éprouvent fur l'Océan les vaiffeaux qui naviguent d'Europe en Amérique & d'Amérique en Europe , lorfqu'en allant ils quittent la région des Vents Variables pour entrer dans celle des Vents Alifés, c'eft toujours par des Vents prenant du Nord qu'ils commencent à éprouver du changement ; de forte que les Vents Variables ont une propenfion à devenir Nord-ouest , puis Nord , & enfin Nord-est à mesure qu'ils avancent. A leur retour au contraire , c'est par des Vents du Sud que se manifeste leur rentrée dans la région des Vents Variables : le Vent devient Sud-est & passe au Sud & au Sud-ouest. Le premier effet se conçoit avec facilité ; il est une suite naturelle de la raréfaction de l'air dans la zone-torride, & du cours que doivent prendre les colonnes latérales pour le remplacer ; aussi est-il le plus étendu, & pour ainsi dire l'effet général. Quant au second fait, il s'explique par l'étendue même de la région où il a lieu, & qui prouve que ce n'est qu'un événement local. Les vaisseaux qui reviennent en Europe rentrent dans les Vents Variables entre 55° & 80° de longitude occidentale; c'est-à-dire, entre les méridiens qui passent par la pointe de la Floride & par Terre-Neuve. Or, il est facile de concevoir que les terres de la Floride & de la Caroline doivent causer une dilatation plus forte à l'air que celle qu'il éprouve au-dessus de la mer, moins propre, comme on l'a déja dit, à réfléchir la chaleur. Le cours de l'air doit donc alors être déterminé à se porter vers les terres, ou, ce qui est la même chose, le Vent doit prendre du Sud. Si l'on considere que la côte de l'Amérique septentrionale court Sud-ouest &

Nord-eſt, on verra que ce raiſonnement eſt le même pour chaque latitude ſucceſſive. En effet, il y a toujours à chaque parallele plus de terres au Nord, conſéquemment plus de dilatation de l'air dans cette partie, & une propenſion de ce fluide à s'y porter. Mais, en ſe rappellant auſſi le peu d'élévation de la région des Vents, il eſt évident que le Vent arrêté au Nord par la côte, eſt contraint le plus ſouvent d'en ſuivre la di-rection; c'eſt-à-dire, qu'au lieu d'être Sud, il doit devenir Sud-oueſt comme le giſſement des terres. L'air ſupérieur & raréfié de la zone-torride qui ſe condenſe & gravite alors en ſe répandant ſur les côtés, doit encore augmenter cet effet, en ſuivant cette idée & obſervant le peu d'étendue des mers entre la Nouvelle-An-gleterre & l'Europe, relativement à la ſurface totale du globe; en conſidérant auſſi que l'Europe eſt, à latitudes égales, beaucoup plus chaude que les parties de l'Amérique qui lui ſont oppoſées, à cauſe des lacs & des forêts dont celle-ci eſt couverte, on trouvera la cauſe des Vents de Sud-oueſt & d'Oueſt qui ſont ſi fréquents dans notre Océan. C'eſt encore l'effet des émanations & de la ſituation des terres qui rend en général les golphes ſujets à des Vents plus violents. Il eſt évident auſſi que tous ces courants d'air par-

ticuliers à la furface de la terre, doivent nécef-
fiter pour l'équilibre des courants oppofés dans
les couches fupérieures de l'athmofphere.

Nous n'avons rien à ajouter de plus à cet
égard : la mer de l'Oueft eft prefque inconnue,
& le refte de la partie feptentrionale des Vents
Variables étant rempli par les terres de l'Afie &
de l'Amérique, eft par-là peu propre aux Obfervations, à caufe du grand nombre d'exceptions
particulieres que celles-ci occafionnent. Cependant, ce que l'on fait de ces régions, confirme
nos principes. Quant à la partie méridionale des
Vents Variables, tout y eft exactement conforme
à ce que nous avons indiqué. Cette partie du
monde, où il ne fe trouve prefque point de terres
qui puiffent s'oppofer au Vent & contrarier fon
cours, offre en effet des Vents habituels entre
le Sud-eft & le Sud-oueft, interrompu cependant
quelquefois par des Vents oppofés qui font une
fuite néceffaire des mêmes principes que nous
avons déja pofés. Elle eft également fujette,
par ces caufes, à des coups de Vent qui y font
en général plus lourds pour les Vaiffeaux, parce
que l'air y eft plus condenfé par le froid. Les Vents
de Sud & de Sud-eft y font clairs, comme étant
une fuite de l'état de pureté & d'équilibre de
l'air, de la même maniere que les Vents de Nord

&

& de Nord-est dans notre hémisphere, & tout, en un mot, s'y rapporte à ce que nous avons dit.

Une Observation qu'il n'est point hors de propos de citer, c'est que l'on a cru remarquer que chaque année donnoit à peu-près, dans chaque lieu, une même quantité des mêmes Vents ; des notes tenues en Hollande, pendant plusieurs années, dans différentes Villes, donnent lieu de le penser, & cette opinion tire beaucoup de force de celle de M. Musschenbroek, qui a été lui-même à Utrecht un des Observateurs. En effet, il paroît que cela doit être ainsi, puisque la quantité de chaleur & de vapeurs fermentantes ne doit pas varier excessivement chaque année. On s'est encore assuré par Observation, que le Vent, lorsqu'il étoit frais, avoit une étendue assez considérable & un cours suivi & progressif. On a éprouvé que le Vent de Sud-ouest étoit sensible à Middelbourg, environ douze heures plutôt qu'à Utrecht, qui est dans le Nord-est de la premiere ville : & des notes tenues en France, en Angleterre & en Suisse, ont montré de même que l'on éprouvoit dans ces lieux des Vents semblables, lorsqu'ils avoient de la force & de la durée. Peut-être pourroit-on remarquer, d'après la distance de Middelbourg à Utrecht,

D

que le Vent eſt long-temps à parvenir d'un lieu
à l'autre ; mais auſſi ne ſuis-je point éloigné de
penſer que le Vent, du moins à une petite élévation, a un cours plus gêné & moins rapide
ſur terre que ſur mer. Peut-être même eſt-ce
à cette gêne, qui ſeroit le produit de l'inégalité
des ſurfaces, qu'il faut attribuer en partie la
vîteſſe accélerée des aëroſtats ſur ce que l'on
devoit attendre à cet égard, d'après les expériences déja citées ſur la vîteſſe du Vent, & qui
n'ont pu être faites qu'à de petites élévations.
Cela confirme encore que c'eſt ſur mer & non
ſur terre qu'il faut obſerver les effets du Vent,
parce que les montagnes, les dilatations particulieres, & une foule de cauſes peuvent affoiblir, détruire & changer une cauſe même
générale.

Du Vent produit par des cauſes ſouterreines.

LES condenſations, & dilatations de l'athmoſphere, les réactions de l'air comprimé, & les
vapeurs raſſemblées ſous la forme de nuages, ne
ſont point les ſeules cauſes de l'agitation de l'air.
Il s'éleve quelquefois du Vent du ſein de la terre,
& pluſieurs Auteurs ont parlé de ces Vents ſou-
terreins. Pline a dit qu'il exiſtoit dans la Dalmatie

des puits desquels il sortoit des tempêtes. M. Scheuchzer, dans sa Stoïcheïographie de la Suisse, a donné la description de plusieurs cavernes de de cette nature. Il s'en trouve encore, dit-on, en Angleterre dans le Comté de Denbigh, & à Aberbarry dans la Principauté de Wallis ; dans le Royaume de Naples ; en Pologne proche de Cracovie ; en France même au Mont Malignon dans la Provence, & en Dauphiné proche de Nilfonce. Ces faits n'ont rien d'absolument extraordinaire ; la chaleur qui pénetre la terre suffiroit seule en certains cas pour dilater l'air contenu dans l'intérieur de ces cavernes, & l'obliger de s'échapper avec force par les ouvertures rétrécies qui se présentent. D'ailleurs, puisque les vapeurs en fermentation produisent du Vent dans l'athmosphere, pourquoi n'en produiroient-elles pas dans l'intérieur des cavernes ? Mais comme l'on rapporte qu'il s'éleve aussi du Vent du fond des eaux, il est évident qu'il y a du moins ici une autre cause. Les premieres Observations que j'aie faites relatives à ceci, sont à la mer par le calme plat. On voit presque toujours alors autour du navire des risées à fleur d'eau, qui rident légérement sa surface. Le Vent qu'elles donnent s'éleve sensiblement jusqu'à la hauteur des gaillards, où il fait battre le peneau ou la girouette qui y eſt placée ; mais il ne parvient que très-rarement juſqu'aux girouettes de la tête des mâts, parce qu'il ne s'éleve point aſſez verticalement pour cela, & que ces riſées foibles perdent de leur force en ſe divergeant. Ces riſées, que je n'ai jamais manqué d'obſerver toutes les fois que j'en ai eu l'occaſion, n'ont que bien rarement des directions ſemblables, & cela ajoute encore à la perſuaſion où je ſuis qu'elles s'élevent réellement de la mer. On ſait, par pluſieurs faits, que le ſol ſur lequel la mer repoſe, n'eſt point exempt de reſſentir les tremblements de terre, d'où l'on peut conclure qu'il récele, auſſi bien que tout autre terrein, des parties ſulphureuſes, nîtreuſes, ferrugineuſes, vitrioliques &c.; ſuſceptibles de fermentation. Il eſt donc facile de penſer que des vapeurs produites par ces cauſes, peuvent s'élever du fond des eaux : lorſqu'elles s'exhalent à la ſurface de la terre, elles doivent le plus ſouvent être inſenſibles pour nous, faute de moyens pour les appercevoir ; mais lorſquelles traverſent un fluide mobile, il eſt naturel qu'elles lui impriment une agitation plus ou moins forte. Quelle autre cauſe pourroient avoir le bouillonnement & les vagues des eaux de certains lacs ? Celui de Geneve eſt cité par pluſieurs perſonnes, comme éprouvant quelquefois des mouvements irréguliers & extraordinaires, dont on ne peut rendre compte. M. Muſschenbroek a rapporté, d'après le célébre Gaſſendi, qu'il ſortoit quelquefois d'un lac nommé Legni, des vapeurs épaiſſes qui s'élevoient ſous la forme de nuages, & donnoient bientôt des tempêtes. On en dit autant d'un lac ſitué au pied du Mont-Pila, à deux lieues de Vienne en Dauphiné. On raconte du lac Wetter en Suede, que ſes eaux, ſans cauſe apparente, s'élevent quelquefois & s'agitent avec violence, & que peu après cette agitation eſt ſuivie d'un Vent fort & orageux. J'ai vu la petite Iſle, près celle de Santorin, qui, au commencement de ce ſiecle, a augmenté, dans la mer Méditerannée, le nombre des iſles de l'Archipel. Perſonne n'a de doute ſur celle qui a ſorti de la mer en 1783, proche de l'Iſlande, quoiqu'elle ait diſparu depuis, & l'Hiſtoire nous porte à croire que cet événement étoit déja arrivé autrefois. Peut-on penſer qu'une fermentation ſemblable ne ſoit capable de cauſer à l'air l'agitation la plus forte, ou d'y répandre des vapeurs qui puiſſent produire du Vent? Qui n'a point attribué à la cauſe qui bouleverſoit la Sicile & élevoit une Iſle dans les mers du Nord, les brouillards ſecs & extraordinaires qui ont couvert preſque toute l'Europe pendant pluſieurs mois en 1783, & peut-être encore l'hiver long

& rigoureux qui les suivit ? C'est d'après ces considérations que je ne balance point à regarder les fermentations intérieures du globe, comme la cause de plusieurs phénomenes qui semblent n'avoir aucun principe, & parmi lesquels il faut compter particuliérement les ras-de-marée & les ouragans de la zone-torride. En effet, le Vent Alifé n'est aussi constant que parcequ'ordinairement aucune cause n'est assez puissante pour détruire l'action du soleil; mais il n'est point douteux que s'il s'en présentoit une, le Vent ne pût changer réellement, & il est très-vraisemblable que c'est à cela qu'il faut attribuer quelques calmes, & quelques inegalités qui affectent quelquefois ce Vent, d'ailleurs si reglé & si uni. Cependant, comme l'on peut accuser mon idée sur les ouragans d'être un peu systématique, je dois appuyer sur les faits, & je vais rapporter quelques Observations qui ont confirmé mon opinion à cet égard.

Les ouragans n'ont lieu aux Antilles que depuis le 15 de Juillet jusqu'au 15 d'Octobre. Ce même intervale de temps est sujet aux pluies & aux orages : c'est pour cela que cette saison porte le nom d'hyvernage, quoiqu'elle soit la plus chaude de l'année. Il est assez naturel d'en conclure que par ces raisons elle est aussi la plus propre aux fermentations intérieures. Les ouragans que l'on y éprouve, portent toujours à peu-près aux mêmes lieux, comme s'ils partoient d'un foyer toujours le même, ainsi qu'à la surface de la terre ce font les mêmes volcans que l'on voit en fermentation. Aux Isles Caraïbes, où ces ouragans font le plus fréquents, leur fiege ne s'étend gueres au Sud de Sainte-Lucie, ni au Nord de la Guadeloupe; c'eft-à-dire, qu'ils agiffent dans un efpace en latitude d'environ quarante lieues, & jamais ils ne frappent à la fois tous les lieux de cette furface. On a vu des ouragans bouleverfer la Martinique, tandis que Sainte-Lucie, féparée par un canal de fept lieues, n'éprouvoit aucun mauvais temps. Leur étendue de l'Eft à l'Oueft n'eft pas plus grande, & cela fuffiroit feul pour rendre inadmiffible l'opinion de M. l'Abbé Raynal, qui penfe que ces ouragans peuvent fe former dans le continent de l'Amérique, & partir des gorges des Montagnes de Sainte-Marthe : fi cela étoit, leur effet alors feroit néceffairement fenfible depuis le lieu de leur naiffance jufqu'au terme de leur étendue. Le Vent féroit plus violent proche de la fource, & en s'éloignant il fe divergeroit de maniere à être plus foible, & à occuper un très-grand efpace lorfqu'il feroit parvenu aux Antilles, ce qui eft tout-à-fait contraire à l'expérience.

Aux Ifles-fous-le-Vent les ouragans font plus rares : la Jamaïque & la partie fous le Vent de Saint-Domingue, font les feuls endroits où on en ait éprouvé, & les coups de Vent de ces lieux viennent plutôt du Nord, & portent le nom de *Coup-de-Nord*. Les ouragans foufflent par tourbillon, ils font violents, durent peu, & pour l'ordinaire ils font le tour de la bouffole, ce qui n'eft point non plus de la nature des coups de Vent qui ont une direction puiffante & une grande étendue. L'ouragan qui fe fit fentir entre la Martinique & la Guadeloupe en 1774, qui fit périr à la mer la frégate Angloife la Pomone, démâta de tous fes mâts la frégate Françoife la Licorne, & arracha une partie des récoltes des deux Ifles, fouffla confécutivement avec une force égale du Nord-oueft & du Sud-eft. Quelquefois ces ouragans font annoncés par des vapeurs qui s'élevent de la terre : on a vu, à leur approche, les beftiaux s'inquiéter & errer dans les Savanes, & quelquefois auffi la terre a tremblé, ou elle a produit des bruits fourds & fouterreins. L'ouragan qu'a éprouvé la Jamaïque dans la nuit du 30 au 31 Juillet 1784, a été précédé d'un déluge d'eau, puis la terre a tremblé & le vent s'eft élevé. (Courrier de l'Europe, du 12 Octobre 1784.) La matiere fulphureufe & électrique eft tellement

la bafe de ces ouragans, qu'ils font toujours ter-
minés par le tonnerre : dès qu'on l'entend gron-
der, c'eft une marque de la fin de la tourmente ;
& cela ne femble-t-il pas indiquer que les vapeurs
font alors élevées à une région fupérieure, & quittent la furface de la terre où elles occafionnoient
le ravage ? Enfin, après un ouragan, il s'écoule
réguliérement plufieurs années avant qu'il en
revienne un autre, comme fi la nature s'étoit
purgée par cette crife, & qu'il fallut un certain
temps pour que les matieres rentraffent de nouveau dans une fermentation propre à renouveller
ces effets. On a cru même remarquer depuis peu
une efpece de période dans leur retour, & les
Obfervateurs tiennent des notes à cet égard. Ce
font ces raifons qui ne me permettent point de
regarder les ouragans autrement que comme un
événement local occafionné par une fermentation intérieure, & qui ne peut conféquemment
avoir lieu par-tout, puifqu'il dépend du fol, de
la chaleur & de circonftances que la nature
ne produit pas par-tout. Cependant les zones
tempérées, quoiqu'à l'abri de ces ouragans,
ne font point exemptes d'éprouver des mouvements fouterreins. On y voit certains coups de
Vents annoncés par l'agitation de la mer ; & cet
effet ne prouve-t-il pas qu'alors la fource du Vent

eſt dans l'intérieur de la terre ? L'air eſt 850 fois plus léger que l'eau, ainſi l'eau ne peut jamais ſurpaſſer l'air en víteſſe ; d'ailleurs l'eau, en raiſon même de ſa maſſe, tend à un état de tranquillité, & les lames de la mer ſont néceſſairement ou le produit d'un mouvement communiqué, ou une ſuite de la preſſion du Vent, & ne peuvent par conſéquent naturellement précéder celui-ci. Mais lorſque la cauſe de l'agitation part de l'intérieur de la terre, tout s'explique ; le mouvement ſe communique à l'eau & ſe propage, tandis que la réſiſtance de l'athmoſphere, & pluſieurs autres cauſes, peuvent retarder le cours du Vent.

L'Iſle-de-France, dans l'hémiſphere auſtral, eſt ſujette aux ouragans, & tout s'y paſſe comme dans la partie boréale. C'eſt dans les mois de Janvier, Février & Mars, ou dans la ſaiſon chaude, que cette iſle les éprouve. C'eſt un fait remarquable, dans notre ſyſtême, que les ouragans ſoient preſque inconnus aux continents, & n'aient lieu qu'aux iſles. En effet, on a aſſez généralement regardé les iſles comme des ſommets de hautes montagnes, faiſant partie d'un terrein ſubmergé par des révolutions, & par conſéquent d'un terrein recelant les principes de ces fermentations qui produiſent les grands

mouvements du globe. Il y a une autre Obfer‑
vation à faire fur les ouragans, qui n'a point
échappé à M. l'Abbé Raynal ; c'eft que dans leur
commencement ils foufflent toujours d'un point
de l'horifon oppofé à la direction du Vent Alifé,
& ordinairement c'eft entre le Sud‑fud‑oueft &
le Nord‑oueft. Effectivement nous avons déja
vu que les coups de Vent n'avoient lieu que par
l'amas des nuages & des vapeurs, & que cela
n'arrivoit que lorfque des directions oppofées les
raffembloient. Il en eft de même ici, fi les va‑
peurs, en s'élevant, fuivent le cours du Vent,
elles fe diffipent à mefure qu'elles fe forment,
& ne produifent qu'un furcroît de Vent & des
orages. Mais fi elles ont une direction oppofée,
& qu'elles foient puiffantes, elles luttent d'abord
contre le Vent, elles l'affoibliffent, elles fe fixent
au fommet des montagnes, (les ouragans n'ont
lieu en effet que proche des terres,) elles s'accumu‑
lent & éclatent enfin fuivant leur propre direction,
jufqu'à ce que l'air, dérangé de fon cours ordi‑
naire, & fortement comprimé par cette caufe
étrangere, ne réagiffe enfin par fon élafticité.
Un fait affez commun peut fervir à juftifier cette
hypothefe. Il n'eft point de Marin qui n'ait eu
occafion de remarquer dans certains parages,
que lorfque les vapeurs fe fixoient au fommet

des montagnes , c'étoit une marque certaine d'un changement de Vent ou d'un orage. Les vaiſſeaux qui veulent ſortir de la Méditerannée , & qui ſont retenus au détroit de Gibraltar par les Vents d'Oueſt , ont coutume de ſe tenir aux côtes d'Eſpagne , en attendant que le Vent change , ce qui eſt annoncé avec une eſpece de certitude , dès que l'on voit les montagnes de cette côte ſe couronner de nuages. On ſait de même qu'au Cap-de-Bonne-Eſpérance , une vapeur , même d'une très-petite étendue , qui paroît au ſommet de la montagne de la Table , eſt un préſage certain d'un gros Vent.

Les ras-de-marée , qui ſont une agitation irré-guliere , preſque ſubite , & ſouvent très-forte de la mer, ont la même cauſe , & c'eſt en moins un effet ſemblable. Mon opinion, à cet égard, eſt fondée ſur quelques Obſervations que voici : c'eſt encore aux Antilles du Vent , & dans l'hy-vernage , que les ras de marée arrivent le plus fréquemment. Leur étendue eſt tellement bornée, que quelquefois ils ne ſont point ſenſibles à une très-petite diſtance du lieu où ils ont un grand effet. Quoique le cours du Vent Aliſé ſoit ordinai-rement troublé là où il exiſte un ras de marée, cependant l'agitation de la mer eſt le plus ſouvent dans une proportion ſi fort au-deſſus de la force du Vent, que l'on ne peut attribuer à celui-ci feul cet effet ; d'ailleurs le Vent Alifé n'eft quelquefois alteré , pendant ces événements , que par un furcroît de force qui ne dérange point fon cours , & quelquefois même le calme les accompagne. Enfin , les continents & les zones temperées , quoique peu propres, d'après nos principes, à receler les fources des ouragans , ne doivent point être à l'abri des ras de marée , & nous voyons en effet qu'ils en éprouvent quelquefois. Ce fut un événement de ce genre qui, lors du tremblement de terre de Lifbonne , noya, fur la chauffée de Cadix , le petit-fils & le feul réjetton de M. Racine. Le 19 Août 1778 , étant mouillé à Saint-Pierre , ifle Martinique , fur une frégate , où , indépendamment de ma curiofité , le pofte que j'occupois m'obligeoit à une attention d'autant plus grande fur les événements, que nous étions alors dans la faifon de l'hyvernage , il furvint un ras de marée dont voici la rélation que j'extrais de mon journal. A neuf heures du matin il fe forma une lame fourde du Sud , qui groffit fubitement d'une maniere confidérable , & le Vent paffa dans la même partie ; nous n'euffions point balancé à couper nos cables & à appareiller , fi le Vent foible & prefque calme , ne nous eut laiffé craindre de ne pouvoir refouler la lame fourde & doubler la pointe de la baye. La mer, proche de terre, étoit clapoteufe ; elle s'élevoit en pointes & paroiffoit agitée en tous fens. Elle brifoit d'ailleurs avec force fur toute la baye, & quelque célérité que les habitants miffent, dès le premier moment, à haller leurs chaloupes à terre, la mer groffit avec une telle vîteffe, qu'elle prévint, en grande partie, cette opération, & en brifa un grand nombre à la côte. Enfin, à midi il furvint un grain affez vif du Sud au Sud-quart-fud-oueft, qui dura une demi-heure, & après lequel la mer s'appaifa, & le Vent repaffa à l'Eft-nord-eft. Je refte donc parfaitement convaincu que les Vents font quelquefois produits par des mouvements intérieurs du globe ; lorfque ces mouvements font violents & fubits, ils donnent alors ces ouragans terribles, ces Vents par tourbillons, qui font hors du cours ordinaire, & qui paroiffent en effet s'élever, au lieu de fuivre une direction horifontale.

Je ferois bien tenté de ranger dans la même claffe les trombes ou tiphons dont on a parlé fi fouvent & avec un ton fi pofitif. Il me paroît difficile qu'un nuage puiffe afpirer ou qu'un tourbillon de Vent puiffe élever jufqu'aux nues une colonne d'eau confidérable, & conféquemment d'un grand poids. Mais il pourroit être qu'un nuage électrique passant inmédiatement au dessus d'une vapeur électrique, qui s'éleve alors de la terre ou des eaux, put communiquer & se mêler avec elle, soit par la simple étendue de leur sphere d'activité, soit par l'eau qui tombe du nuage, & qui sert si facilement de conducteur à l'électricité ; au reste, j'avoue avec sincérité que si j'avois à m'occuper des trombes, je ne pourrois m'empêcher de me rappeller l'histoire de la Dent-d'Or, qui fit tant de bruit au commencement de ce siecle. J'ai passé plusieurs années de ma vie sur la mer, & je n'ai vu qu'une seule fois un de ces météores, d'où je conclus qu'ils sont très-rares, quoique quelques personnes prétendent en avoir vu souvent. Nous avoisinames cette trombe, de maniere à exciter un commencement d'inquiétude dans l'esprit de l'équipage, persuadé du danger qu'il y auroit à rencontrer & à rompre la colonne aspirée, parce que la partie supérieure retomberoit indubitablement sur le vaisseau & le submergeroit. La trombe étoit spacieuse, vive & bien marquée ; son diametre, estimé d'après la distance où nous en étions, me parut d'environ cinquante toises. Je l'observai sans interruption pendant tout le temps de sa durée, qui fut de près d'une demi-heure, & voici ce que je vis. Le temps étoit pluvieux, orageux, chargé de gros nuages noirs, prefque immobiles, entre lefquels, de temps en temps, perçoient quelques rayons de foleil. La trombe étoit de couleur noire, & paroiſſoit s'appuyer fur la mer, & s'élever jufqu'aux nues. Le plus fouvent elle avoit une forme cylindrique, quelquefois elle s'élargiſſoit par en haut, en prenant alors une forme conique tronquée, dont le petit diametre étoit fur la mer. L'eau paroiſſoit bouillonner avec force par-tout où repofoit la colonne, & quelques gens de l'équipage étoient préoccupés jufqu'au point de croire entendre le bruit de l'agitation de la mer. Voilà certainement des fignes qui femblent juſtifier ce qui a été dit fur les trombes; mais en voici d'autres qui ont établi de grands doutes dans mon efprit. Cette colonne tantôt paroiſſoit s'épaiſſir, tantôt elle devenoit plus claire; quelquefois cet effet étoit fenfible dans tout la hauteur de la colonne; quelquefois il ne l'étoit que pour une partie, de forte qu'alors, en quelques endroits, elle paroiſſoit coupée; fa pofition fut tour-à-tour verticale & inclinée; le bouillonnement ou l'agitation de la mer n'étoit vifible que par intervales, & le bruit ne pouvoit certainement être entendu : plufieurs fois la colonne changea de place, parut fe dilater, fe divifer à peu-près de la même

maniere

maniere qu'il arrive aux colonnes lumineufes des
aurores boréales. Ce fut dans un de ces mouvements très-marqué que je crus voir clairement
que la colonne ne tenoit point aux nuages, &
que je foupçonnai que le bouillonnement apparent de la mer pouvoit bien n'être que l'effet
de reflets de lumiere produits par un ou plufieurs
rayons folaires, qui fe faifoient jour au travers
de la colonne. On fait que de pareils reflets ont
quelquefois l'apparence & ont plufieurs fois été
pris pour des vagues de la mer qui fe brifoient fur
des rochers, & tout le monde a pu voir de même
autour du foleil, lorfque le temps eft couvert,
des colonnes obfcures partant des nuages qui
l'entourent & qui fe prolongent jufqu'à la mer;
les Matelots appellent ces colonnes les *Haubans
du Soleil.* Il pourroit donc bien être que les
trombes ne fuffent qu'un effet femblable, mais
plus rapproché, plus vif & plus marqué ; ou
bien, comme je l'ai déja dit, une vapeur élec̈tri-
que très-épaiffe s'élevant de la mer, & qui, pour
cette raifon, en fe divergeant, donne quelquefois à la trombe une forme de cône tronqué,
& une couleur diverfément nuancée. Ce n'eft
que par le moyen d'Obfervations bien faites, &
dépouillées de préjugés, que l'on peut vérifier
les circonftances diverfes qui accompagnent ces

E

météores. Au reste , il existe quelquefois des tourbillons de Vent , on l'a déja dit. Ils ont pour cause deux ou plusieurs directions d'air différentes ; de leur choc même naissent quelquefois la fermentation & la violence. Ils sont alors capables de déraciner des arbres, de découvrir les maisons, mais ils n'ont d'ailleurs aucune des propriétés que l'on attribue aux trombes.

Avant de terminer l'Article des Vents Variables , je dois parler de l'opinon assez généralement répandue, que les changements de phases de la lune ont de l'influence sur l'état du Vent, de sorte que c'est à ces époques qu'il change plus ordinairement, soit en direction , soit en force ; beaucoup de personnes pensent même que les marées agissent aussi sur lui , & prétendent qu'avec le flux il a toujours coutume de fraîchir & de renforcer. J'aurois intérêt à admettre ce dernier fait , parce qu'il sembleroit prouver, conformément à mes principes, que la mer montante , en resserrant l'espace entre elle & les nuages, force le Vent à une plus grande vîtesse ; mais je dois convenir de bonne foi que je ne regarde cela que comme devant produire un effet insensible ; peut-être ce préjugé vient-il de ce que les Marins, battus près des côtes,

par le mauvais temps, craignent beaucoup d'a-
vantage d'échouer de marée baffe, mais la raifon
réelle n'eft pas de ce que le Vent renforce avec
le flot; la différence confifte en ce que la mer
laiffe à fec le vaiffeau échoué de marée haute,
& qu'elle couvre au contraire & fubmerge celui
échoué de marée baffe. J'ai fait des Obfervations très-fuivies à cet égard, & un grand
nombre d'Officiers de la Marine inftruits, fe font
convaincus comme moi, que toutes ces opinions
étoient également contraires à l'expérience & au
raifonnement; c'eft dans tous les temps cependant que l'on a cru à l'influence de la lune fur
les Vents : quelques Auteurs nous ont tranfmis
l'opinion des premiers Navigateurs fur certaines
époques de l'âge de cet aftre; Virgile en parle
dans les Georgiques, & l'on trouve quelque
part, dans une defcription de tempête, l'annonce que le mauvais temps fera long, parce
qu'il a pris avec le cinquieme jour de la lune. Ce
qui contribue beaucoup à accréditer à cet égard
l'opinion publique, c'eft que, par l'obfervation
des aftres, & particuliérement de la lune, on
découvre certains fignes qui indiquent quelquefois, avec affez de jufteffe, le temps à venir,
& on en conclut une rélation immédiate entre
l'aftre & le temps. Il eft cependant certain que

les cercles autour de la lune, fa rougeur, celle du foleil, la fcintillation des étoiles, &c. font chofes entiérement indépendantes des aftres, & qu'elles ne font que dénoter que l'athmofphere eft chargé de vapeurs qui altérent pour nous leur apparence ; en raifonnant de bonne foi, feroit-il poffible en effet de voir la moindre liaifon entre les phafes de la lune & le Vent ? Quelle différence fenfible y a-t-il entre la veille ou le jour de fon premier quartier, pour que cet aftre puiffe produire un femblable effet ? La lune, il eft vrai, influe fur les marées ; mais elle agit progreffivement, & non d'une maniere brufque ; chaque jour elle augmente ou diminue en puiffance, d'après la pofition plus ou moins avantageufe qu'elle a pour agir par attraction ; & la marée en conféquence rapporte progreffivement plus ou moins. Un effet pareil, on l'a déja dit, peut avoir lieu fur la totalité de l'athmofphere, comme il a lieu fur la maffe entiere des eaux ; mais il eft infenfible pour nous par fa généralité même, & la lune enfin ne peut pas plus produire, à l'époque de fes phafes, une révolution fubite & momentanée fur le Vent que fur les marées. J'ai déja avancé que l'opinion publique, à cet égard, étoit démentie par les Obfervations ; mais, pour parvenir plus fûrement à détruire un ancien préjugé, je vais rapporter un fait qui y est d'autant plus propre, qu'il manifeste la façon de penser de la Compagnie savante la plus compétente à décider sur cet objet. Il existe pour la Marine un Ouvrage d'un très-grand mérite, qui traite de la Navigation aux Indes, & qui est intitulé *Neptune Oriental*, dédié au Roi, imprimé à Brest en 1774, & qui se trouve chez Demonville à Paris. Comme cet Ouvrage sera mon appui, lorsque j'assignerai la place & l'étendue des Moussons, je remplirai un double but en faisant connoître ici d'avance la confiance qu'il mérite. M. d'Après de Manne-Villette, Capitaine des Vaisseaux de la Compagnie des Indes, de l'Académie Royale de Marine, & Correspondant de celle des Sciences de Paris, en est l'Auteur. Il avoit déja donné antérieurement un Neptune Oriental ; mais le dernier a été tellement augmenté, qu'on l'a regardé plutôt comme un Ouvrage neuf, que comme une seconde édition du premier. M. d'Après, avant de le publier, voulut le soumettre à l'examen de l'Académie Royale de Marine, & trois Commissaires furent chargés d'en faire le Rapport, qui est imprimé à la tête de l'Ouvrage, & qui contient les éloges les plus flatteurs. C'est dans ce Rapport que l'on peut voir l'opinion des trois Commissaires sur l'objet dont nous parlons. Ils y relevent comme une erreur, que M. d'Après ait avancé que le changement des phases de la lune eut de l'influence sur le changement ou sur la force du Vent ; & non-seulement l'Académie adopta cette maniere de penser, mais M. d'Après lui-même voulut corriger son Texte ; cependant, comme l'impression de la feuille étoit alors achevée, il fit seulement une Note que l'on peut y voir, & dans laquelle il dit qu'il n'a parlé ainsi que pour se conformer à une opinion assez généralement adoptée, & il confesse que rien n'autorise à croire à un rapport entre le Vent & l'époque des phases de la lune.

L'histoire des préjugés sur la lune & sur les Vents seroit fort longue. J'ai eu la patience de me convaincre, par l'Observation, de la fausseté de la plûpart. Un des plus accrédités est celui du coup de Vent périodique, qui accompagne, dit-on, chaque équinoxe ; cependant rien n'est plus faux, & très-souvent les équinoxes se passent sans coup de Vent. Il est vrai qu'en étendant la durée d'un équinoxe à un mois avant & un mois après sa venue, il est difficile dans les saisons où ils arrivent, & rare en effet, qu'un aussi long temps se passe sans quelque gros Vent. J'ai connu des gens ayant de l'esprit, qui croyoient aux orages de mer qui durent quarante jours ; d'autres, qui penſoient que lorſqu'il pleuvoit le jour de Saint Médard , il pleuvoit indubitablement quarante autres jours de ſuite. On dit tous les jours que le Vent du Midi augmente les marées , & que celui du Nord les diminue : oui , le Vent influe ſur les marées , mais prenons garde de confondre l'effet & la cauſe. Le Vent n'agit ſur la mer que par ſa preſſion , qu'en pouſſant & accumulant l'eau aux côtes ; par la même raiſon qu'il ſillone & agite la ſurface de cet élément , ou qu'un éclairci dans les nuages dénote quelquefois le lieu d'où il va ſouffler. Combien de gens , pour avoir fait une remarque , à une certaine époque , ſe ſont imaginés que le même événement avoit lieu tous les ans ? Il eſt certain pour ceux qui ont obſervé , qu'il n'y a aucun Vent reglé , aucun retour périodique ; tout dépend de circonſtances variables , & il eſt impoſſible de rien prévoir ni de rien fixer. Mais c'eſt trop s'arrêter ſur ces erreurs : nous voyons que la lune n'occaſionne aucun changement aux Vents Aliſés , & puiſqu'enfin la chaleur eſt la cauſe eſſentielle du Vent , la lune , qui en eſt dépourvue à notre égard , eſt donc ſans puiſſance. Elle eſt le principal mobile des marées ; mais c'eſt le ſoleil qui eſt le principal mobile du Vent.

Ainſi donc toutes les fois qu'il y a un ſurcroît de chaleur dans une partie de l'athmoſphere , cette chaleur y produit de la dilatation ; & toutes les fois qu'il y a dilatation , il y a du Vent ; parce qu'il eſt néceſſaire que les colonnes d'air latérales plus denſes viennent remplacer le vide qui ſe forme là où l'air ſe dilate & s'éleve par ſa raréfaction. Les rayons directs & ſur-tout réfléchis du ſoleil , & la fermentation des vapeurs qui s'élevent de la terre , ſont les cauſes ordinaires de chaleur , & conſéquemment les cauſes ordinaires du Vent. Dans la zone-torride , & à quelques degrés de diſtance de chaque côté de la zone-torride , l'action du ſoleil eſt très-puiſſante , toute autre cauſe eſt ſubordonnée à celle-là ; auſſi le Vent dépend conſtamment du cours de cet aſtre. Dans les autres zones au contraire , la réaction de l'air comprimé à l'équateur, les fermentations particulieres des vapeurs terreſtres qui ſont ſouvent plus puiſſantes que la chaleur du ſoleil , & l'inégalité même de la force des rayons ſolaires ſur les différents points de l'athmoſphere , occaſionnent des condenſations & des dilatations diverſes , & la variété des Vents. Ces cauſes peuvent agir de maniere à augmenter

mutuellement leur force, & elles donnent alors
de gros Vents; elles peuvent agir en sens opposé, s'entre-détruire & donner du calme; elles
peuvent, en réunissant les nuages & les vapeurs,
occasionner de nouvelles fermentations puissantes,
& donner les coups de Vent. Les tremblements
de terre, les fermentations souterreines, peuvent
aussi agiter l'air, & peuvent même produire
les ouragans, les tempêtes & les ras-de-marée.
Les terres, par leur degré de chaleur, par la
qualité de leurs émanations, par leur gissement,
par leur élévation, sont susceptibles de rompre
l'effort du Vent, d'accélerer sa vitesse, en resserrant son lit, de déranger sa direction. Telles
sont la cause du Vent, & la raison de sa cons-
tance dans la zone-torride, & de ses variétés
dans les autres climats; il ne nous reste plus
qu'à observer les Moussons & les Vents périodiques.

DES MOUSSONS.

LA nature agit toujours par des procédés
fimples ; & les moyens qu'elle emploie ne nous
paroiffent compliqués que lorfque , faute d'en
bien faifir l'enfemble , nous recherchons des
caufes diverfes à des effets qui n'émanent cependant que d'une même fource. C'eft-là une ré-
flexion que l'on peut appliquer à la Théorie des
Mouffons. Les différentes combinaifons de ces
Vents font une fuite néceffaire des principes
déja pofés , & il n'en faut point d'autres pour
les expliquer. Il me femble que les Mouffons
font aux Vents Alifés ce que font à la mer les
manquements de marée dans la Méditerannée.
Les premiers , ainfi que ceux-ci, font feulement
exception à deux loix qui n'en font pas moins
générales , & l'exception a ici pour caufe les
condenfations & dilatations de l'athmofphere ,
auxquelles nous avons reconnu une fi grande
influence dans l'Article des Vents Variables. Pour
s'en convaincre , il faut confiderer la Carte qui
eft jointe à ce Mémoire, & y remarquer quelques

objets que nous allons indiquer. 1°. Les Mouffons ont lieu particuliérement dans la mer des
Indes, & ne vont point au-delà de l'Archipel,
des Moluques & des Philippines. 2°. Cette mer
des Indes n'eft, à proprement parler, qu'un
golphe formé par l'Afrique, l'Arabie, la Perfe,
les Indes, les Ifles de la Sonde & la Nouvelle-
Hollande, entiérement ouvert au Midi, & entiérement fermé au Nord par les terres; golphe
à la vérité immenfe à nos yeux, mais qui n'eft
cependant pas autre chofe dans l'ordre de l'univers. 3°. Les Mouffons ne font pas les mêmes
au Nord & au Sud de l'Equateur. Les Vents font
ou Nord-eft ou Sud-oueft dans la partie feptentrionale, & Sud-eft ou Nord-oueft dans la partie
Méridionale, mais de forte que lorfque le Vent
eft Nord-eft au Septentrion de la Ligne, il eft
Nord-oueft au Sud de l'Equateur; & que lorfqu'il eft Sud-oueft au Nord de la Ligne, il eft
Sud-eft au Midi de l'Equateur. 4°. L'étendue
des Mouffons differe auffi : au Nord de la Ligne
elles regnent fucceffivement de l'Equateur jufqu'au fond du golphe par vingt degrés de latitude,
tandis qu'au Sud de l'Equateur la Mouffon du
Nord-oueft ne s'étend pas plus loin que huit à
neuf degrés de latitude, excepté vers la Nouvelle-Hollande, où elle fe prolonge jufqu'à douze

ou treize degrés. On a tracé fur la Carte une ligne ponctuée pour marquer ces limites, & c'eft le Neptune Oriental de M. d'Après, dont nous avons ci-deffus fait connoître le mérite, qui nous fervira de témoignage, ainfi que pour les autres faits que nous citerons par la fuite. 5°. Les Vents de Nord-eft de la partie Septentrionale, & ceux de Nord-oueft qui leur correfpondent dans la partie Méridionale durent fix mois, depuis le 15 Octobre environ jufqu'au 15 Avril : alors les Vents de Sud-oueft au Nord de la Ligne, & ceux de Sud-eft au Midi, leur fuccedent pendant fix autres mois, depuis le 15 Avril environ jufqu'au 15 Octobre. Ainfi, le Vent de Nord-eft ou Vent Alifé ordinaire fe fait fentir dans la partie Septentrionale, lorfque le foleil eft dans l'hémifphere auftral, & il y devient Sud-oueft, c'eft-à-dire, qu'il fe porte vers les terres, lorfque le foleil a paffé au Nord de la Ligne. Ainfi, dans la partie Méridionale, le Vent Alifé de Sud-eft a fon cours ordinaire, lorfque le foleil eft dans l'hémifphere boréal, & le Vent de Nord-oueft trouble cet ordre, lorfque le foleil eft au Midi de l'Equateur. Voyons actuellement comment tous ces faits peuvent dépendre des condenfations & dilatations partielles de l'athmofphere, que nous avons défignées par leurs caufes ; & confiderons d'abord la Mouffon du Sud-oueft au Nord de la Ligne , & celle du Sud-eft de l'hémifphere auftral.

DE la Mouffon du Sud-oueft au Nord de la Ligne , & de celle du Sud-eft qui lui correfpond au Sud de l'Équateur.

ON a vu dans tout le cours de ce Mémoire , que la chaleur étoit la caufe principale du Vent. On pourroit même , à plufieurs égards , la confidérer comme en étant la caufe unique , parce que les fermentations , les dilatations , les vapeurs en dépendent prefqu'entiérement. C'eft particuliérement dans une région fituée fous la zone-torride , où des terres , les plus anciennement habitées du globe , réfléchiffent fortement les rayons folaires , que cet effet eft fenfible ; & nous devons retrouver ici en grand les mêmes effets que nous avons remarqués en détail & affoiblis dans plufieurs autres parties de la terre. Quelque temps après que le foleil a paffé au Nord de la Ligne , on doit juger que les terres de l'Indoftan , de l'Arabie & de Siam , doivent recevoir & réfléchir une chaleur forte & puiffante. Alors c'eft au-deffus des terres , plutôt qu'à l'Equateur au-deffus des eaux , qu'à lieu la plus grande dilatation de l'air. Les colonnes d'air situées au Sud de ces terres, doivent donc se porter vers elles avec une force d'autant plus grande, que la chaleur réfléchie est plus forte, & aussi parce qu'il n'y a point de terre au Sud qui puisse affoiblir cet effet ; ainsi, depuis le 15 Avril jusqu'au 15 Octobre, il est tout simple que les choses soient comme nous les voyons arriver. Le Vent doit alors se porter vers les terres, & c'est une suite nécessaire de l'ouverture au Sud & de la fermeture au Nord de cette mer. Nous n'avons aucun doute que si la Guinée tenoit au Brésil, nous ne vissions des Moussons dans ce nouveau golphe comme dans l'ancien, & qui ne différeroient qu'en raison de la différence de profondeur des deux golphes. Les détails de ce qui se passe aux changements de la Mousson du Sud-ouest, & pendant sa durée, sont encore propres à fortifier notre croyance. En effet, elle commence plutôt proche des terres, & quelquefois près d'un mois avant de se faire sentir en pleine mer. Les diverses côtes ne l'ont point non plus en même-temps. Elle est plus tardive aux côtes de la presqu'isle de l'Indostan, qu'au-dessus des vastes terres du continent, & il y a aussi un mois de différence entre celles qui la reçoivent plutôt & celles qui l'ont plus tard. Enfin, cette Mousson, d'abord foible & variable, se fortifie à mesure que le soleil va dans le Nord, & elle est dans sa plus grande force en Juin, Juillet & Août, où elle décroît alors jusqu'à son changement, qui se manifeste de même par des variétés & des calmes. Tous ces faits ne prouvent-ils pas que la cause des Moussons du Sud-ouest ne vient pas du large, mais qu'elle existe dans la chaleur produite par les terres, & dans le gissement & la nature de ces terres plus ou moins propres à recevoir & à réfléchir la chaleur ? Dans cette même saison, c'est-à-dire, depuis Avril jusqu'en Octobre. Rien ne gêne dans l'hémisphere austral le cours ordinaire du Vent Alisé, & conséquemment on doit y trouver des Vents de Sud-est pendant tout le temps que les Vents de Sud-ouest regnent dans l'hémisphere boréal.

Mais il se présente ici un manque d'exactitude ; c'est que d'après ce principe, les Vents devroient être Sud, au lieu qu'ils regnent du Sud-ouest. D'où peut donc venir cette propension du Vent à prendre en partie de l'Ouest ? Nous retrouvons ici un effet que nous avons déja remarqué aux côtes de la Caroline & de l'Amérique Septentrionale : c'est que la situation des côtes d'Ajan & d'Arabie, en brisant

le Vent de Sud, l'obligent à prendre la direction du
giffement de la côte. Les terres de l'Indostan & des
Isles Maldives & Ceylan, qui avancent beaucoup
au Sud de leur côté, facilitent cet effet, en raréfiant l'air, & rendent ainsi le Vent Sud-oueft,
au lieu d'être Sud. La côte Orientale de l'Indoftan, qui court auffi au Nord-eft, & les terres
de Siam, de Malaye, & des Ifles de la Sonde,
qui forment le golphe à l'Eft, & qui raréfient
l'air, produifent le même effet dans le golphe
du Bengale & dans la partie Orientale de la mer
des Indes. Au refte, il ne faut pas croire que
tout ceci foit fans exception : près des côtes de
Coromandel, le Vent, pendant cette Mouffon,
au lieu d'être Sud-oueft, eft plus fouvent Sud &
Sud-fud-eft ; il varie même jufqu'à l'Eft. Il y
a des brifes de terre & de mer ; & les dilatations,
caufées par la chaleur de la terre, ne reftent point,
en un mot, fans effet. Ce n'eft qu'au large que la
Mouffon du Sud-oueft eft plus marquée, & encore les Vents y font le plus fouvent au Sud,
(Voyez Neptune Oriental in folio, pag. 24,)
jufqu'à ce que l'on approche davantage des côtes
de Siam & de Malaye. Auffi le temps de la
Mouffon du Sud-oueft eft-il ce que l'on appelle
l'arriere-faifon, parce que le Vent y eft moins
régulier, moins marqué que dans la Mouffon
du

[N]ord-est, qui est le Vent naturel. Dans les mers de la Chine il y a Mousson du Sud-ouest dans le même temps que dans la mer des Indes; mais le voisinage des terres rend cette Mousson sujette à de grandes vicissitudes. Il ne paroîtra pas étonnant au reste que l'isle de Bornéo ne gêne point le cours du Vent de Sud-ouest, par la raréfaction qu'elle doit occasionner à l'air, lorsqu'on saura qu'il y pleut sans cesse pendant onze mois de l'année. (Nept. Orient. pag. 163.)

De la Mousson du Nord-est au Nord de la Ligne, & de celle du Nord-ouest qui lui correspond au Sud de l'Equateur.

Depuis le 15 Octobre jusqu'au 15 Avril ; c'est-à-dire, quelque temps après que le soleil est dans l'hémisphere austral, pendant & un peu après le séjour qu'il y fait, le Vent est Nord-est au Nord dela Ligne, parce que les terres du fond du golphe, moins échauffées, n'interrompent plus, par une raréfaction supérieure, le cours ordinaire du Vent Alisé, & que c'est de nouveau vers l'Equateur qu'existe la plus forte dilatation de l'air. Remarquons ici comme un fait très-important, & qui confirme de plus en plus la théorie des dilatations, que près des côtes

F

de Malabar , de Guzurat & de Guadel, il y a exception à la Mousson du Nord-est , de sorte que les Vents y sont de l'Ouest au Nord-nord-ouest pendant cette saison. (Nept. Oriental. pag. 25.) Ce n'est qu'au large que l'on retrouve le Vent de Nord-est , & nous avons déja vu qu'il en étoit de même aux côtes de Guinée & du Pérou. Mais comment , dans ce même temps , le Vent peut-il être Nord-ouest au Sud de la Ligne ? C'est ce qui nous reste à examiner. Nous avons déja remarqué que cette Mousson du Nord-ouest ne s'étendoit qu'à huit ou neuf degrés au Sud de la Ligne , excepté en approchant des côtes de la Nouvelle - Hollande , où elle s'étendoit jusqu'à douze ou treize degrés : cette derniere circonstance nous indique très-naturelle-ment l'influence de la raréfaction , causée par les terres de la Nouvelle-Hollande , dans la saison où le soleil les échauffe le plus puissamment. Nous avons aussi remarqué qu'elle n'avoit point lieu à l'Ouest du Méridien qui passe par la pointe Nord de Madagascar. En effet, l'isle de Mada-gascar & la côte Mozambique, par leur gisse-ment & par la raréfaction qu'elles causent à l'air , ont leurs Moussons particulieres du Nord-est & du Sud-ouest ; mais de sorte que celle-ci dure huit ou neuf mois de l'année , parce que c'est le

Vent Alifé du Sud-eſt qui, en ſe briſant ſur la côte, devient Sud-oueſt, & que celle du Nord-eſt n'agit que dans les mois où le ſoleil placé preſque verticalement au-deſſus de ces terres, ou même au Sud d'elles, y cauſe une grande dilatation à l'air. Auſſi cette Mouſſon du Nord-eſt eſt-elle accompagnée de tempêtes fréquentes, occaſionnées par le choc des Vents de Nord-eſt qui règnent dans le canal, & des Vents du Sud-eſt au Sud-oueſt qui ſont en dehors. (Nept. Orient. pag. 16.)

Qu'on ne nous accuſe point de faire ainſi briſer le Vent à volonté ſur les côtes. Nous avons déja obſervé la même choſe aux côtes de la Caroline & de l'Amérique Septentrionale ; &, pour prouver la conſéquence de nos principes, nous obſerverons que ce même fait a lieu aux côtes du Bréſil, qui ont le même giſſement. Les Vents, à cette côte, ſont huit mois au Sud-oueſt, & quatre mois au Nord-eſt, pendant que le ſoleil eſt vers le tropique du Capricorne. Au reſte, on doit remarquer, comme un fait conforme à notre théorie des dilatations, que ce n'eſt que quelque temps après que le ſoleil a agi ſur les terres, qu'elles produiſent la plus grande raréfaction de l'air. C'eſt qu'alors elles ſont plus profondément pénétrées

de chaleur, & qu'elles en réfléchiffent davantage ; de la même maniere que les plus grandes
chaleurs de nos climats font aux mois de Juillet
& d'Août , & non pas au mois de Juin.

Revenons à notre Mouffon du Nord-oueft au
Midi de l'Equateur. On la connoiffoit peu ; on fré-
quentoit rarement , pendant fa durée , les parages
où elle regne. On favoit en général que l'on n'y
trouvoit plus les Vents de Sud-eft , & il étoit
affez naturel de l'appeller Mouffon du Nord-
oueft , par oppofition à celle du Sud-eft , puifque dans la partie Boréale , on voyoit le Vent
de Sud-oueft fuccéder au Vent de Nord-eft.
C'eft en 1767 que M. le Chevalier de Grenier,
alors Enfeigne des Vaiffeaux du Roi, donna lieu
à acquérir quelques notions de plus fur cet objet,
en imaginant que l'on pouvoit tirer parti de ce
Vent pour aller de l'Ifle-de-France à Pondi-
chery & dans le golphe du Bengale , pendant
la durée de cette Mouffon. Cet Officier trouva
des Contradicteurs ; comme l'objet valoit la
peine d'être éclairci , le Roi arma des bâtiments
exprès pour l'examen de cette route, &, enfin ,
voici ce que l'on fait aujourd'hui à cet égard. J'en
ai pris connoiffance dans les pieces même du pro-
cès , & le Neptune Oriental en donne auffi les
réfultats. On trouve , par cinq degrés de latitude

Sud jufqu'à la Ligne, une bande de Vent d'Oueft qui fouffle depuis Novembre jufqu'à Avril. (Nept. Orient. pag. 46 & 47.) Ces Vents font foibles, ils varient, & le plus fouvent il fait calme. Pour avoir le plus de frais poffible, il faut fe tenir entre 4 degrés & 4° 40¹ de latitude. (Nept. Orient. *idem.*) Voilà donc quelle eft la Mouffon du Nord-oueft, & l'on voit par-là qu'elle mériteroit mieux le nom de Mouffon de l'Oueft, ou plutôt qu'elle ne devroit point être appellée du nom de Mouffon, qui femble annoncer un Vent frais déterminé. Il me paroît évident que c'eft l'action du foleil fur l'athmofphere qui détruit le Vent Alifé du Sud-eft, en raréfiant fortement l'air, comme on a vu que cela avoit lieu fous la Ligne dans l'Océan Atlantique, où l'on trouve des calmes interrompus de temps en temps par des orages & de petites brifes variables ; cependant il y a ici une propenfion plus grande & plus marquée du Vent à fe ranger vers l'Oueft qu'il faut expliquer. Cet effet me paroît provenir de la raréfaction occafionnée par les terres des ifles Moluques & de la Sonde, & en effet près de celles-ci le Vent, dans cette faifon, eft, ainfi que le giffement des côtes, du Nord-nord-oueft à l'Oueft, (Nept. Orient. pag. 163.) & cela tire encore de la probabilité de l'étendue de cette Mouſſon en latitude, juſques par 13° en approchant de la Nouvelle-Hollande. Les Vents de Sud-oueſt, & les orages du canal de Mozambique, peuvent y concourir; enfin, cette bande de Vent d'Oueſt peut très-bien être la réaction d'un air dilaté qui ſe condenſe de temps en temps & gravite par la préſence des nîtres & des gaz que les Vents de Nord-eſt, qui exiſtent alors au Nord de l'Equateur, tranſportent des terres. Ce qui rendroit cette idée vraiſemblable, c'eſt que, dans cette ſaiſon, il y a des pluies conſidérables & continuelles aux côtes de Coromandel, (Nept. Orient. pag. 25 & ſuiv.) comme il y en a, pendant la Mouſſon du Sud-oueſt, aux côtes de Malabar. (*id.* p. 74.) La qualité de ces Vents d'Oueſt ajoute encore à la vraiſemblance; ils ſont foibles, variables, & le plus ſouvent calmes, ce qui dénote une cauſe accidentelle & de peu de puiſſance. Si ces colonnes d'air d'ailleurs, en ſe condenſant, ſe dirigent vers l'Eſt, c'eſt qu'elles ne peuvent s'échapper au Midi, à cauſe des Vents de Sud-eſt qui y ſont perpétuels, ni au Septentrion où il regne alors des Vents de Nord-eſt, ni au Couchant où il y a des Vents très-marqués du Sud-oueſt au Sud pendant la plus grande partie de l'année, & des orages pendant l'autre partie, &

qu'il eſt naturel auſſi qu'elles prennent leur cours vers l'Eſt, où les terres des iſles de la Sonde, des Philippines & des Moluques, cauſent de la raréfaction dans l'athmoſphere.

Mais, pourroit-on dire, pourquoi un effet ſemblable n'a-t-il point lieu dans l'océan Atlantique & dans la mer du Sud? Je répondrai que l'on trouve dans ces deux mers, comme dans celle des Indes, ſous l'Equateur, une bande d'air raréfié, ſujette aux calmes, aux orages & à de petites briſes variables qui ſoufflent ſouvent de l'Oueſt, & ſur-tout lorſqu'on a les terres plutôt à l'Orient qu'à l'Occident. Mais, ſi elles y ſont moins fréquentes, c'eſt que la côte de Mozambique eſt la ſeule qui, par ſon giſſement Nord-eſt & Sud-oueſt, & par une iſle conſidérable ayant la méme ſituation, forme un canal où les Vents reſſerrés ſoufflent avec force, & de maniere à interdire à cette bande d'air raréfié de ſuivre ſon cours vers l'Oueſt, où devroient naturellement l'entraîner les Vents de Nord-eſt & ceux de Sud-eſt qui la bordent. Mais, peut-on dire encore, la bande d'air raréfié par les rayons ſolaires, ſe trouve ici preſqu'entiérement dans la partie auſtrale, tandis que, dans les autres mers, elle eſt au contraire preſque toute entiere dans la partie boréale, & paroît en effet devoir s'y trouver, d'après le principe très-senfible que l'hémifphere auftral plus froid, occafionne une preffion plus forte, & capable de furmonter la raréfaction caufée par la chaleur. Cette obfervation eft jufte, & elle me paroît prouver l'exiftence des parties gazeufes dont nous avons parlé, & que tranfportent des terres les Vents de Nordeft. Ces parties, par la condenfation & par la fermentation, contrebalancent le furcroît de preffion de l'athmofphere auftrale, & c'eft alors à peu-près fous le foleil, qu'à lieu la plus grande dilatation de l'air, caufe de la Mouffon du Nordoueft, que l'on vient de détailler. Auffi, la bande d'air raréfié eft-elle plus refferrée dans la mer des Indes que dans les autres mers, puifqu'elle n'a gueres au de-là de huit degrés en latitude, tandis qu'on a vu qu'elle en a jufqu'à onze dans l'océan Atlantique. Tout ceci, fans doute, eft purement fyftématique, & ne peut être appuyé par des preuves; mais il paroît impoffible après tout, d'après l'obfervation & la comparaifon de ce qui fe paffe ailleurs, que les Vents de Nord-eft ne tranfportent une partie des gaz qui occafionnent les pluies des côtes de l'Indoftan, & dès-lors ces gaz ne peuvent refter fans effet. M. d'Après indique de fe tenir entre 4° & 4° $40'$ de latitude Sud, pour trouver plus de frais à la Mousson de l'Ouest dont nous venons de parler ; on peut en conclure qu'elle s'étend plus loin au Sud que 4° 40', ainsi que nous l'avons déja dit : mais alors elle est plus calme, plus sujette aux vicissitudes & à l'influence latérale du Vent Alisé de Sud-est, à peu-près de la même maniere que le milieu du lit d'un courant d'eau est plus rapide & plus marqué, & que ses bords sont sujets à des retours & à des variétés.

Des Brises journalieres de Terre & de Mer.

On doit compter parmi les Vents périodiques les brises de terre & de mer que l'on voit régner dans presque tous les pays de la zone-torride. Ces Vents ont une période journaliere au lieu d'être annuelle ; leur cours d'ailleurs est très-régulier, mais leur effet n'est jamais sensible qu'à une très-petite distance des terres. Chaque jour, quelques heures après que le soleil est levé, le Vent commence à souffler de la mer ou du large vers les terres. D'abord il est foible, mais il se fortifie, & conserve toute sa force environ depuis midi jusqu'à quatre heures du soir : alors il mollit, & pour l'ordinaire il eft tout-à-fait calme au coucher du foleil. Peu après le Vent s'éleve de la terre , & fouffle ainfi vers la mer pendant toute la nuit. Voilà donc des Vents qui, comme les Mouffons, font exception au Vent Alifé : examinons quelle peut être la caufe de cette nouvelle fingularité. Nous avons déja comparé, au commencement de ce Mémoire , une ifle entourée de la mer, au plat d'eau chaude placé , dans l'expérience de M. Clarc, au milieu d'un autre plat d'eau froide. Ce que nous avons dit alors, explique la caufe des brifes du large, & c'eft vraiment l'air plus condenfé du deffus des eaux, qui fe porte vers l'air plus dilaté des terres, pendant que le foleil les échauffe par fa préfence. Voilà pourquoi la brife du large , d'abord calme , fraîchit avec la chaleur, & décroît avec elle ; voilà pourquoi cette brife fouffle, à la bande du Nord d'une ifle , du Nord-eft ; à la bande du Midi, du Sud-eft ; & fous le Vent de l'ifle, de l'Oueft : voilà pourquoi cet effet eft d'autant plus fenfible, que l'étendue des terres eft plus confidérable ; & pourquoi il eft infenfible aux Antilles, peu fufceptibles, par leur petiteffe , de déranger le cours général du Vent Alifé.

La brife de terre , qui fuccede à la brife du large, eft bien plus générale ; elle a lieu par-

tout, aux petites isles comme aux plus grandes
& aux continents : de sorte que lorsque nous
avons dit qu'aux côtes Occidentales d'Afrique,
d'Amérique, de l'Indostan, &c. le Vent se
portoit constamment vers les terres, il faut toujours entendre qu'il y a la petite exception de
la brise de terre qui, pendant la nuit, souffle &
s'étend jusqu'à une lieue ou deux au large. Elle a
pour cause la condensation des vapeurs élevées
par le soleil, qui gravitent & commencent à
tomber au coucher de cet astre. Ces vapeurs
s'absorbent & se perdent dans l'eau ; mais,
fixées & arrêtées par les montagnes & par les
terres, elles surmontent, par leur mélange &
leur activité, & par la condensation qu'elles
occasionnent dans l'athmosphere, la tendance
par laquelle l'air de la mer, ordinairement plus
dense, se porte vers les terres. Lorsque ces
vapeurs sont abondantes, la brise est plus forte;
lorsqu'elles sont en médiocre quantité, il fait
calme, ou l'on éprouve de vicissitudes de brises
du large & de terre : quelquefois la brise de
terre manque tout-à-fait. Ces brises, en certains temps, sont tellement chargées de sels nî-
treux, qu'elles sont très-sensiblement froides, &
obligent les habitants à se vêtir ou à se renfer-
mer. La nature & la fermentation des vapeurs

& des gaz, est si certainement la cause qui les détermine, que leur action semble partir d'un centre placé au milieu de l'isle, & se diverger vers chacun des points de la circonférence, de sorte que chaque cap ou chaque anse a son Vent particulier. Une nouvelle preuve que les vapeurs & les gaz produisent ces Vents de terre, c'est qu'ils sont constamment plus forts lorsqu'il a plu, & j'ai vu plusieurs fois au Cap-François, isle Saint-Domingue, où j'ai eu plus souvent l'occasion de les observer, que, certains jours orageux, la brise s'éleve tout-à-coup avec une telle violence, qu'elle est capable de faire chasser les vaisseaux sur leurs ancres, & de casser des grelins.

En Europe, pendant les saisons chaudes, & lorsque le temps est beau, on éprouve un effet semblable ; de sorte que le matin le Vent est à l'Est, & qu'il passe à l'Ouest pendant le jour pour retourner au Nord-est & à l'Est pendant la nuit ; position que nous avons déja dit lui être naturelle, lorsque l'athmosphere jouit d'un état de pureté & d'équilibre, & que le temps est calme. Les gens des bords de la mer disent alors que le Vent suit le soleil, parce que l'air qui se porte toujours vers le lieu où la chaleur, & conséquemment la dilatation est la plus forte, va

en effet frapper succeſſivement les faces Orientales & Méridionales des terres & des objets
oppoſés à l'effet du ſoleil. Au reſte, comme cela
n'a lieu que lorſque le temps eſt très-pur & très-
ſérein, on en tire aſſez généralement un indice
en faveur de la continuation du beau temps.

VOILA ce que je penſe ſur les Vents; & mes
idées ſont établies ſur vingt-cinq ans d'Obſervations, & ſur un grand nombre de Queſtions ré-
pétées, & de lecture de Journaux. Malgré mon
attention à m'étayer de Faits & d'Expériences,
cette Théorie contient encore bien des parties
qui ſont & ne peuvent qu'être ſyſtématiques.
C'eſt à la Société ſavante qui, depuis pluſieurs
années, eſt le centre où ſe réuniſſent toutes les
connoiſſances ſur ce ſujet, à juger de leur vraiſemblance.

F I N.

EXTRAIT DES REGISTRES

DE L'ACADÉMIE ROYALE DES SCIENCES,
Arts & Belles-Lettres de Dijon.

DU 6 *Avril 1786*... M. CAILLET, Adjoint au Secretaire-perpétuel, a fait lecture, en l'absence de M. MARET, d'une Lettre adressée à celui-ci par M. le Chevalier DE LA COUDRAYE.

Cet Académicien non-résident prioit M. MARET de demander pour lui la Permission de prendre cette qualité au Frontispice de son *Mémoire sur la Théorie des Vents*, qu'il se dispose à faire imprimer, & de le livrer à l'Impression sous le Privilege accordé à l'Académie.

M. DE MORVEAU, Chancelier & Président de la Séance, a proposé de déliberer sur les demandes de M. DE LA COUDRAYE. Les voix prises,

L'Académie qui, en adjugeant un Prix au Mémoire de ce Savant, sur *La Théorie des Vents*, a fait connoître sa façon de penser sur cet Ouvrage, & qui en a desiré l'Impression, a permis à M. le Chevalier DE LA COUDRAYE, de prendre la Qualité d'Académicien de Dijon au Frontispice de son *Mémoire sur la Théorie des Vents*, & d'imprimer cet Ouvrage sous le Privilege qu'Elle a obtenu en Février 1783, pour l'Impression de tous ceux du genre des Sciences & Arts que ses Membres voudront publier, soit réunis, soit séparés.

Elle a arrêté en conséquence que son Secretaire expédieroit à M. le Chevalier DE LA COUDRAYE, une Copie du Privilege, & un Extrait de cette Délibération.

Je soussigné, Secretaire perpétuel de l'Académie, certifie que le présent Extrait est conforme à l'Original. A Dijon, ce 16 Avril 1786.

MARET.

PRIVILEGE GÉNÉRAL.

LOUIS, par la Grace de Dieu, Roi de France & de Navarre, à nos amés & féaux Confeillers, les Gens tenant nos Cours de Parlement, Maîtres des Requêtes ordinaires de notre Hôtel, Grand Confeil, Prévôt de Paris, Baillis & Sénéchaux, leurs Lieutenants Civils, & autres nos Jufticiers qu'il appartiendra; SALUT. Nos bien-amés *les Membres de l'Académie Royale des Sciences & Arts de Dijon*, Nous ont fait expofer qu'ils auroient befoin de nos Lettres de Privilege pour l'Impreffion des Ouvrages concernant la partie des Sciences & Arts. A CES CAUSES, voulant favorablement traiter les Expofans, & les engager à continuer leurs recherches, Nous leur avons permis & permettons, par ces Préfentes, de faire imprimer, par tel Imprimeur qu'ils voudront choifir, toutes les Recherches & Obfervations fur la partie des Sciences & Arts, émanés de ladite Académie, après avoir fait examiner lefdits Ouvrages, & jugés qu'ils feront dignes de l'Impreffion, en tels volumes, forme, marge, caractere, conjointement ou féparement, & autant de fois que bon leur femblera, & de les faire vendre & débiter par tout notre Royaume, pendant le temps de vingt années confécutives, à compter du jour de la date des Préfentes, fans toutefois qu'à l'occafion des Ouvrages ci-deffus fpécifiés, il en puiffe être imprimé d'autres qui ne foient pas de ladite Académie. Faifons défenfes à toutes perfonnes, de quelque qualité & condition qu'elles foient, d'en introduire d'Impreffion étrangere dans aucun Lieu de Notre obéiffance; comme auffi à tous Libraires, Imprimeurs, d'imprimer ou faire imprimer, vendre, faire vendre & débiter lefdits Ouvrages, en tout ou en partie, & d'en faire aucune Traduction ou Extrait, fous quelque prétexte que ce puiffe être, fans la permiffion expreffe & par écrit defdits Expofans, ou de ceux qui auront droit d'eux, à peine de confifcation defdits Exemplaires contrefaits, de fix mille livres d'Amende, qui ne pourra être modérée pour la premiere fois, de pareille Amende & de déchéance d'Etat en cas de récidive, contre chacun des Contrevenans, & de tous dépens, dommages & intérêts, conformément à l'Arrêt du Conseil, du 30 Août 1777, concernant les Contrefaçons ; à la charge que ces Présentes feront enregiftrées tout au long fur le Regiftre de la Communauté des Imprimeurs & Libraires de Paris, dans trois mois de la date d'icelles ; que l'Impreffion defdits Ouvrages fera faite dans Notre Royaume & non ailleurs, en beau papier & beaux caractères, conformément aux Réglements de la Librairie ; qu'avant de les expofer en vente, les Manufcrits ou Imprimés qui auront fervi de copie à l'impreffion defdits Ouvrages, feront remis ès mains de Notre très-cher & féal Chevalier, *Garde des Sceaux de France*, le Sieur HUE DE MIROMESNIL, Commandeur de Nos Ordres ; qu'il en fera enfuite remis deux Exemplaires dans Notre Bibliothèque publique, un dans celle du Château du Louvre, un dans celle de Notre très-cher & féal Chevalier, Chancelier de France, le Sr. DE MAUPEOU, & un dans celle du Sr. HUE DE MIROMESNIL : le tout à peine de nullité des Préfentes ; du contenu defquelles vous mandons & enjoignons de faire jouir lefd. Expofants & leurs Ayants-caufe, pleinement & paifiblement, fans fouffrir qu'il leur foit fait aucun trouble ou empêchement : Voulons que la copie des Préfentes, qui fera imprimée tout au long au commencement ou à la fin defdits Ouvrages, foit tenue pour duement fignifiée, & qu'aux copies collationnées par l'un de nos amés & féaux Confeillers-Secretaires, lui foit ajoutée comme à l'Original. Commandons au premier Notre Huiffier ou Sergent fur ce requis, de faire, pour l'exécution d'icelles, tous actes requis & néceffaires, fans demander autre permiffion, & nonobftant Clameur de Haro, Chartes Normandes & Lettres à ce contraires. Car tel eft notre plaifir. DONNÉ à Paris, le douzieme jour de Février, de l'an de Grace 1783, & de Notre Regne le neuvieme.

Par le Roi, en fon Confeil. *Signé*, LE BEGUE. pour Copie.

Sur le repli eft écrit: Regiftré fur le Regiftre XXI de la Chambre Royale & Syndicale des Libraires & Imprimeurs de Paris, N°. 2857, fol. 828, conformément aux Difpofitions énoncées audit Privilege, & à la charge de remettre à ladite Chambre les Huit Exemplaires prefcrits par l'Art. CVIII. du Réglement de 1723. A Paris, ce 14 Février 1783. Signé, LE CLERC, Syndic.

Je fouffigné, Secretaire perpétuel de l'Académie, certifie la préfente Copie conforme à l'Original. A Dijon, ce 16 Avril 1786. MARET.

www.ingramcontent.com/pod-product-compliance
Lightning Source LLC
LaVergne TN
LVHW021746060726
842528LV00003B/822